Temitope Musowo
Leonard Muhoni
Olushola Fadairo

Plataforma de consórcios para melhorar o acesso dos agricultores ao mercado na Tanzânia

Temitope Musowo
Leonard Muhoni
Olushola Fadairo

Plataforma de consórcios para melhorar o acesso dos agricultores ao mercado na Tanzânia

ScienciaScripts

Imprint
Any brand names and product names mentioned in this book are subject to trademark, brand or patent protection and are trademarks or registered trademarks of their respective holders. The use of brand names, product names, common names, trade names, product descriptions etc. even without a particular marking in this work is in no way to be construed to mean that such names may be regarded as unrestricted in respect of trademark and brand protection legislation and could thus be used by anyone.

Cover image: www.ingimage.com

This book is a translation from the original published under ISBN 978-620-2-31179-3.

Publisher:
Sciencia Scripts
is a trademark of
Dodo Books Indian Ocean Ltd. and OmniScriptum S.R.L publishing group

120 High Road, East Finchley, London, N2 9ED, United Kingdom
Str. Armeneasca 28/1, office 1, Chisinau MD-2012, Republic of Moldova, Europe
Printed at: see last page
ISBN: 978-620-8-14429-6

AGRADECIMENTOS

Um agradecimento especial ao Prof. 0laniyan Olanrewaju (Diretor, CESDEV-Universidade de Ibadan, Nigéria). O meu apreço vai também para o meu supervisor do projeto MDP, Dr. Olusola Fadairo, pela sua orientação e apoio durante todo o período de realização deste projeto.

Estou igualmente grato ao Dr. Olayide Olawale (Subdiretor e Coordenador do Programa de Práticas de Desenvolvimento, CESDEV-Universidade de Ibadan, Nigéria) pela sua orientação técnica, pela revisão do estudo e pelos conhecimentos que me transmitiu no decurso do meu programa no CESDEV.

Não posso deixar de agradecer à Dra. Lucia Rodriguez, (Diretora do Global MDP, Earth Institute, Columbia University, EUA) pela coordenação da Parceria FIDA-Universidades em que todos ganham. Agradeço também ao Fundo Internacional para o Desenvolvimento Agrícola (FIDA) por ter concedido apoio financeiro para o estudo.

Gostaria também de agradecer ao MIVARF, Tanzânia, pelo seu apoio. Um agradecimento especial ao Sr. Muhoni Leonard e ao Sr. Sospeter Obwagwu, o meu supervisor no local e a Pessoa Vocal do distrito de Sengerema da MIVARF, respetivamente. Gostaria também de agradecer a todos os participantes que se disponibilizaram para serem entrevistados, envolvendo pequenos agricultores e parceiros no Distrito de Sengerema, Região de Mwanza, na Zona dos Lagos da Tanzânia.

Por último, gostaria de agradecer à minha mulher e aos meus filhos a sua compreensão por me terem libertado durante este período de tempo em que trabalhei neste projeto, especialmente longe de casa.

ÍNDICE DE CONTEÚDOS

ACRÓNIMOS/ABREVIATURAS

AfDB	African Development Bank
AMCOS	Agricultural Marketing Cooperative Society
ASDP	Agriculture Sector Development Program
BDS	Business Development Service
CARI	Competitive African Rice Initiative
CESDEV	Centre for Sustainable Development
DPP	Development Practice Programme
EAC	East African Community
EAAPP	East African Agricultural Productivity Programme
FAO	United Nations Food and Agricultural Organization
FGD	Focus Group Discussion
GAP	Good Agricultural Practices
GDP	Gross Domestic Products
GPS	Global Positioning System
IFAD	International Food and Agricultural Development
IMF	International Monetary Fund
MATI	Ministry of Agricultural Training Institute
MIS	Marketing Information Service
MDP	Master's in Development Practice
MT	Metric Tonnes
MIVARF	Marketing Infrastructure, Value Addition and Rural Finance
PHH	Post-Harvest Handling
PRS	Poverty Reduction Strategy
PEML	Producer Empowerment Market Linkage
PSDS	Private Sector Development Strategy
RCV	Randomization Control Variable
REACTS	Regional East African Community Trade in Staples
RRCoE	Regional Rice Centre of Excellence
RGL	Raphael Group Limited
SACCOs	Savings and Credit Cooperatives
SHIRCO	Southern Highland Rice Consortium
SME	Small and Medium Enterprises
SP	Service Provider

SPSS	Statistical Package for Social Sciences
SWOT	Strength, Weakness, Opportunity and Threat
TZS	Tanzanian Shillings
UNDESA	United Nations Department for Economic and Statistics Agency
USD	United States Dollars
USAID	United State Agency for International Development
UI	University of Ibadan
WEF	World Economic Forum
WFP	World Food Programme
WHS	Warehousing System

CAPÍTULO 1

INTRODUÇÃO

1.1 Antecedentes do estudo

A agricultura nos países em desenvolvimento tem um grande potencial para contribuir para a redução da pobreza e para o desenvolvimento económico. Uma boa percentagem da população dos países em desenvolvimento vive em zonas rurais e depende da agricultura para a sua subsistência. No entanto, para que a agricultura se torne um instrumento de desenvolvimento económico, é necessária uma revolução na produtividade dos pequenos agricultores. Na África Oriental, a agricultura representa cerca de 80% da mão de obra, mas a Comunidade da África Oriental (CAO) caracteriza-se por uma baixa produtividade agrícola e um baixo rendimento, estando assim classificada entre as mais pobres de África (CARD-IFAD, 2010)

Na Tanzânia, o crescimento do sector agrícola tem sido persistentemente inferior aos níveis necessários para reduzir significativamente a pobreza e melhorar os meios de subsistência e o nível de vida da maioria da população. De acordo com FAIDA (2000), a interferência do Estado na vida económica diminuiu drasticamente na Tanzânia após a implementação do ajustamento estrutural e das políticas de liberalização do mercado. Os agricultores foram confrontados com um súbito colapso dos serviços públicos, como o fornecimento de factores de produção, a concessão de crédito e a compra de produtos. No entanto, o processo também criou novas oportunidades económicas, como o cultivo de culturas de rendimento alternativas e mais remuneradoras. Infelizmente, foi difícil concretizar estas oportunidades devido a factores como: falta de informação sobre oportunidades concretas de negócio; mercados de produção subdesenvolvidos e não competitivos; mau desempenho dos mercados financeiros e de factores de produção nas zonas rurais; e ausência de ligações com potenciais compradores. Do mesmo modo, as empresas agrícolas não conseguiram aproveitar as novas oportunidades comerciais, entre outros, devido a: falta de informação comercial relevante; fornecimento inseguro e irregular de matérias-primas; dificuldades de acesso ao financiamento; e ausência de ligações com os agricultores.

De acordo com o Relatório sobre o Estado da África Oriental (2016), cerca de 11 679 275 pessoas, sobretudo na Tanzânia, ainda vivem abaixo do limiar de pobreza. Estas 37 613 489 pessoas, que representam 67,7% das pessoas, vivem nas zonas rurais e semi-rurais, sendo a maioria pequenos agricultores que dependem da agricultura para os seus meios de subsistência (Banco Mundial, 2017). Mwatawala *et al.* (2016), relataram que a pobreza na Tanzânia é mais endémica entre os agregados familiares que se dedicam à agricultura, à pecuária, à pesca e à silvicultura. Isto deve-se ao facto de estes pequenos agricultores estarem limitados pela baixa produtividade e pela escassez de rendimentos resultantes do fraco acesso ao mercado, da falta de acesso ao crédito e à tecnologia, do fraco acesso aos factores de produção agrícola, entre outros problemas.

Um dos principais desafios que se opõem aos esforços dos pequenos produtores é o acesso ao mercado. Um sistema em que os agricultores não sabem que quantidade, qualidade ou variedade produzir, quando produzir, para quem produzir e a que preço de mercado vender, prejudica o desempenho e a produtividade dos pequenos produtores no mercado. Para os agricultores, o acesso ao mercado significa a capacidade de adquirir factores de produção agrícola e a capacidade de entregar a produção agrícola aos compradores. O acesso dos pequenos produtores aos mercados nacionais e internacionais significa que podem vender mais produtos a preços mais elevados. Com melhores recursos, os agricultores podem ligar-se a novos mercados e dedicar-se a actividades de valor acrescentado. No entanto, entre os pequenos produtores, as ligações ao mercado são frequentemente fracas e são ainda necessárias infra-estruturas básicas, como estradas, transportes e eletrificação rural, para lhes permitir o acesso aos mercados. A experiência revela que os pequenos agricultores têm dificuldade em facilitar o seu próprio desenvolvimento (IFAD 2010).

Os pequenos agricultores da cadeia de valor do arroz não são invulneráveis a estes desafios. A produção de arroz também está a ser afetada por este problema. Entretanto, de acordo com um relatório de base do MIVARF (2017), foi introduzida uma abordagem denominada plataforma de inovação para reunir as partes interessadas na cadeia de valor agrícola. Esta abordagem não foi muito bem sucedida na fase inicial, uma vez que foi desviada principalmente por funcionários públicos e as partes interessadas essenciais (os agricultores) estavam mal representadas. Esta situação levou ao fracasso da abordagem, que foi posteriormente revista para um modelo mais participativo denominado plataforma de consórcio, tendo em conta todos os factores responsáveis pelo fracasso da plataforma inicial.

A abordagem do consórcio reúne, com igual representação, os grupos de pequenos produtores agrícolas, os compradores/compradores, os fornecedores de factores de produção melhorados, os fornecedores de implementos, os fornecedores de financiamento, os fornecedores de serviços de extensão, os fornecedores de informações sobre o mercado e outras partes interessadas, com o governo na outra extremidade como organismo regulador. Estas partes interessadas reúnem-se para fazer negócios, uma vez que planeiam a época de plantação com as especificações do mercado como guia para as suas actividades.

1.2 Declaração do problema de investigação

Foram efectuados estudos sobre o acesso dos agricultores ao mercado, a abordagem eficaz de ligação ao mercado, etc., mas não foi efectuado qualquer estudo para investigar especificamente a eficácia da plataforma de consórcios como abordagem de ligação ao mercado entre os produtores de arroz, particularmente no distrito de Sengerema. Entre todas as cadeias de valor que envolvem diferentes culturas de base e de rendimento, bem como peixe e gado em 73 distritos da Tanzânia continental e Zanzibar, o arroz é de longe o líder da cadeia de valor (34% dos distritos), seguido pelo girassol e milho, bananas, mandioca e peixe, sésamo, castanha de caju e várias culturas hortícolas (incluindo alho, cebola, citrinos, maçãs, abacates, uvas, inhame), bem como carne e produtos lácteos (IFAD2016).

Os agricultores de Sengerema, em particular, estavam a produzir arroz, mas todas as estações lutam para ter acesso aos insumos agrícolas necessários (sementes melhoradas, fertilizantes de qualidade e produtos de proteção das culturas) no momento certo, na quantidade e qualidade certas e a um preço razoável. Muitas vezes não dispõem do dinheiro ou do crédito necessários para pagar os factores de produção. Após a colheita, os agricultores lutam para vender o arroz. Muitas vezes, não têm outra opção senão vender o seu arroz no mercado local (intermediário) por um preço baixo. Não estavam organizados

(acordo institucional) e não têm a capacidade (competências) para negociar melhores preços ou para armazenar o seu arroz até que os preços aumentem. Mesmo as opções básicas necessárias para acrescentar valor estavam fora do seu alcance (MIVARF, 2016).

O acesso ao mercado tem sido um grande desafio para os agricultores da Tanzânia, especialmente para os pequenos produtores. Este problema está a impedir cada vez mais a sua produtividade, os meios de subsistência das famílias e a redução da pobreza. As organizações de pequenos produtores carecem frequentemente de conhecimentos sobre os mecanismos de mercado e sobre a forma de se ligarem a grupos de compradores para venderem os seus produtos. Muitos pequenos produtores não possuem competências de comercialização, incluindo informações sobre preços, canais de comercialização e preferências dos consumidores, bem como conhecimentos sobre os custos de produção e, por conseguinte, sobre a competitividade dos seus produtos.

Há também o problema da falta de infra-estruturas rurais para facilitar a circulação de mercadorias das explorações agrícolas dos pequenos agricultores para os mercados. Devido a capacidades e competências limitadas, os pequenos agricultores têm frequentemente dificuldades em explorar novas oportunidades de mercado. Por conseguinte, necessitam de apoio que vise organizar e coordenar os seus processos de produção e estabelecer novas ligações de mercado. Esta falta de uma abordagem de ligação eficaz prejudicou a produtividade e o crescimento dos agricultores, o que levou à necessidade de estabelecer a atual abordagem de consórcio, que se espera que conduza à transformação dos pequenos agricultores.

Este estudo teve como objetivo verificar a eficácia desta abordagem de consórcio no que diz respeito à produção de arroz, particularmente no distrito de Sengerema, região de Mwanza, na zona dos lagos da Tanzânia. Após alguns anos de prática, tornou-se bastante apropriado fazer uma avaliação da abordagem para determinar os seus Pontos Fortes, Pontos Fracos, Oportunidades e Ameaças, de modo a saber onde é necessário fazer os ajustes necessários para produzir o resultado desejado.

1.3 Questões de investigação

O estudo pretende investigar a eficácia desta plataforma de consórcio de arroz para melhorar o acesso dos pequenos produtores ao mercado, fornecendo respostas às seguintes questões de investigação:

1. Quais são as formas de relacionamento e envolvimento que existem entre os pequenos agricultores e outras partes interessadas na plataforma dos consórcios?
2. Quais são os benefícios, caso existam, que os pequenos agricultores retiram da plataforma?
3. Existe alguma mudança na produtividade que leve a uma melhoria no nível de vendas e de rendimento dos pequenos agricultores desde o seu envolvimento na plataforma do consórcio?

4. Quais são os desafios, caso existam, enfrentados pelos pequenos agricultores no seu envolvimento com a plataforma de consórcios?
5. Quais são os factores críticos para a sustentabilidade do modelo de estrutura/parceria da plataforma Paddy Consortia?
6. Quais são as caraterísticas pessoais e empresariais dos pequenos produtores de arroz que participam na plataforma de consórcios?

1.4 Objetivo do estudo

O objetivo geral é investigar a eficácia da plataforma de consórcios de arroz para melhorar o acesso dos pequenos produtores ao mercado. Os objectivos específicos são os seguintes

1. Identificar as caraterísticas pessoais e empresariais dos pequenos produtores de arroz que participam na plataforma de consórcios,
2. Identificar os benefícios ou tipos de apoio (formação, financiamento, serviços de extensão/apoio técnico, factores de produção, informações sobre o mercado, etc.) decorrentes da participação na plataforma de consórcios por parte dos pequenos agricultores produtores de arroz participantes,
3. Determinar a alteração da produtividade que conduz à melhoria do nível de vendas e da rendibilidade dos pequenos produtores de arroz em resultado da participação na plataforma do consórcio,
4. Determinar os desafios enfrentados pelos pequenos produtores de arroz na sua participação nos consórcios,
5. examinar os factores críticos de sustentabilidade na estrutura/modelo de parceria da plataforma paddy Consortium; e
6. Examinar a forma como os pequenos agricultores percepcionam e se envolvem com outras partes interessadas na plataforma dos consórcios.

1.5 Justificação do estudo

O estudo irá trazer à tona e verificar a abordagem eficaz de ligação ao mercado que pode melhorar o acesso dos pequenos agricultores ao mercado, o que levará a melhores oportunidades de mercado e maior valor acrescentado para os agricultores. Isto resultará, em última análise, num aumento dos rendimentos dos pequenos produtores. Estes benefícios resultarão principalmente em: (i) melhoria do acesso aos mercados e à informação; (ii) redução dos custos de transação; (iii) redução das perdas pós-colheita; (iv) reforço da segurança alimentar; (v) melhoria da qualidade dos produtos e aumento dos preços no produtor (à saída da exploração); (vi) aumento da produção e da produtividade; e (vii) melhoria das economias de escala.

Além disso, aumentará a produção, o rendimento e o emprego nas zonas rurais, o que se traduzirá numa maior procura de bens e serviços, que deverá gerar rendimentos e emprego adicionais e aumentar as receitas fiscais do Estado. Esta situação conduzirá igualmente a um aumento das exportações e/ou a uma redução das importações, o que provavelmente resultará em ganhos/poupanças em divisas. Além disso, os consumidores poderão beneficiar de uma maior disponibilidade de arroz de melhor qualidade e, por conseguinte, de uma maior segurança alimentar.

Outros benefícios institucionais esperados do programa são: (i) funcionamento efetivo dos grupos de produtores e de comercialização; (ii) gestão sustentável das plataformas de consórcio por todas as partes interessadas. Haverá uma abordagem mais coordenada através da qual os agricultores, os transformadores, os retalhistas e outros intervenientes na cadeia de abastecimento continuarão a trabalhar em conjunto, analisando as actividades de produção no contexto de toda a cadeia de abastecimento.

1.6 Âmbito do estudo

O trabalho de investigação examinou a eficácia da plataforma de consórcios na melhoria do acesso dos pequenos produtores ao mercado, centrando-se nos produtores de arroz que são membros da plataforma em Sengerema, distrito da região de Mwanza, na Tanzânia.

1.7 Hipóteses de investigação

O estudo tende a medir a eficácia da plataforma de consórcios de arroz para melhorar o acesso dos pequenos agricultores ao mercado. Alguns indicadores terão de determinar a eficácia da plataforma de consórcios para ajudar os agricultores a ganhar quilometragem na sua agroindústria, pelo que o estudo procurou saber se;

1. Existe uma diferença significativa no nível de vendas (variação das vendas unitárias) dos agricultores antes e depois do seu envolvimento na plataforma?
2. Existe uma diferença significativa na rendibilidade (margem unitária) dos agricultores antes e depois do seu envolvimento na plataforma?
3. O agricultor obtém benefícios/apoio em resultado do seu envolvimento na plataforma.

1.8 Definição de conceitos

Plataforma de consórcios - é uma plataforma de negócios em que as partes interessadas na cadeia de valor agrícola, como agricultores, compradores, fornecedores de factores de produção, instituições financeiras, transformadores, exportadores, etc., se reúnem para fazer negócios em conjunto, planeiam em conjunto para uma estação específica com a especificação do mercado como guia, também conhecida como plataforma de inovação.

Pequenos produtores - agricultores que cultivam dois acres e meio de terra ou menos, que dependem principalmente da mão de obra familiar.

Acesso ao mercado - para os agricultores, significa a capacidade de adquirir factores de produção agrícola e tudo o que é necessário para a produção e a capacidade de entregar a produção agrícola aos compradores.

Paddy - Arroz em crescimento ou colhido mas ainda não moído, especialmente com casca, colhido ou ainda no campo.

CAPÍTULO 2

ENQUADRAMENTO TEÓRICO E REVISÃO DA LITERATURA

2.1 Quadro concetual

As pessoas dedicam-se à agricultura não só com o objetivo de satisfazer as suas necessidades alimentares, mas também para ganhar a vida com ela. A agricultura é, em si mesma, um negócio através do qual os agricultores e outras partes interessadas no sector agroindustrial esperam obter lucros e melhorar o seu nível de vida. Os pequenos agricultores, que são os principais actores da cadeia de valor agrícola, enfrentam muitos desafios quando tentam aumentar a sua produtividade e o seu nível de rendimento. A questão do acesso ao mercado é uma das principais.

No entanto, a literatura é abundante sobre o acesso ao mercado como um dos principais problemas enfrentados pelo agronegócio, particularmente entre os pequenos agricultores. Muitos académicos escreveram sobre este tema do acesso ao mercado ou do acesso ao mercado, conforme o caso. No entanto, esta questão é vista de diferentes perspectivas por académicos de diferentes áreas, tais como: Comunicações de Marketing, Consumo, Administração de Empresas, Relações Públicas e Publicidade, Comércio e Indústria, Comércio Internacional, etc. No entanto, no agronegócio, é o mercado de produtos. De acordo com o FIDA (2010), o acesso ao mercado para os agricultores significa a capacidade de adquirir insumos agrícolas e serviços agrícolas, e a capacidade de entregar produtos agrícolas aos compradores, da mesma forma, Van Schalkwyk *et al.*, (2012) opinou que os mercados oferecem a oportunidade de gerar renda, contribuindo para a redução da pobreza e da fome nos países em desenvolvimento. Os mercados também impulsionam a produção para satisfazer a procura dos consumidores em termos de quantidade e qualidade.

2.2 Abordagens para ligar os produtores aos mercados

Andrew W. Shepherd (2007), num estudo sobre as experiências de ligação dos agricultores aos mercados, chegou a algumas conclusões preliminares sobre os factores de sucesso. Considerou exemplos de ligações promovidas tanto por organizações de ligação como pelo sector privado sem apoio externo e, em seguida, analisa em pormenor as actividades de ligação das primeiras. A ênfase é colocada nos mercados escolhidos para as ligações, na capacidade das organizações de ligação e na relação entre o sector privado, as organizações de ligação e os agricultores. A confiança mútua entre todos os actores de uma cadeia é essencial e o documento discute a forma como essa confiança pode ser desenvolvida. O autor afirmou que a ligação dos agricultores a novos mercados implica invariavelmente a organização dos agricultores em grupos formais ou informais. As experiências com a organização de grupos são analisadas, assim como a questão do financiamento. Os problemas enfrentados pelos agricultores para manter as ligações são examinados e a sustentabilidade e o aumento das actividades de ligação são considerados.

Andrew acredita que o trabalho com os agricultores terá pouco impacto se o ambiente propício que os governos proporcionam for inadequado para o desenvolvimento de ligações de mercado. No entanto, é da opinião de que uma questão que pode merecer investigação é se as organizações de ligação estão realmente a aumentar a dimensão do mercado ou se estão apenas a substituir um grupo de agricultores fornecedores por um novo conjunto de "beneficiários-alvo".

Estas são apresentadas de acordo com a forma como os agricultores estão ligados aos compradores. Os exemplos fornecidos são utilizados para retirar lições sobre as várias abordagens e a sua probabilidade de sucesso. Assim, são considerados tanto os aspectos negativos como os positivos das diferentes abordagens. Os tipos de ligação foram categorizados de acordo com Andrew W Shepherd (2007) da seguinte forma;

- Do agricultor ao comerciante nacional;
- Do agricultor ao retalhista;
- Ligações através de um agricultor líder;
- Ligações através de cooperativas;
- Do agricultor ao agro-processador;
- Do agricultor ao exportador;
- Contratos agrícolas.

Entretanto, todas estas categorias de ligação mencionadas e outras, se existirem, devem ser reunidas sob um único guarda-chuva chamado plataforma de consórcio, que é o foco deste estudo. Espera-se que os comerciantes, agricultores, agroprocessadores, cooperativas, governo, prestadores de serviços, exportadores, etc., trabalhem juntos para benefício mútuo na mesma plataforma.

1.1.1 Esclarecimentos conceptuais

As principais questões neste estudo são: Pequenos Produtores - que são referidos no estudo como os agricultores que cultivam 2 ½ acres de terra e abaixo; A Plataforma de Consórcio, como uma abordagem de ligação ao mercado, como é estruturada para melhorar o acesso dos pequenos agricultores ao mercado. A plataforma de consórcio é utilizada indistintamente com a plataforma de inovação num determinado ponto do estudo. O estudo centra-se nos produtores de arroz no distrito de Sengerema, na região de Mwanza, na Tanzânia.

2.3 Quadro teórico

De acordo com a Teoria dos Serviços de Informação de Mercado, explicada por Andrew W. Shepherd (FAO, 1997), os sistemas agro-alimentares estão a sofrer uma rápida transformação. Em todas as regiões do mundo e em todos os segmentos das cadeias de produção e distribuição observa-se uma concentração crescente na transformação, no comércio, na comercialização e na venda a retalho. A forma tradicional como os alimentos são produzidos, sem que os agricultores tenham uma ideia clara e antecipada de quando, a quem e a que preço vão vender as suas colheitas, está a ser substituída por práticas mais semelhantes aos processos de fabrico, com uma coordenação muito maior entre agricultores, transformadores, retalhistas e outros intervenientes na cadeia de abastecimento. Os agricultores produzem cada vez mais para satisfazer as necessidades dos compradores, em vez de dependerem dos mercados para absorverem a sua produção.

A informação sobre o mercado pode ajudar os agricultores nas negociações com os comerciantes. A longo prazo, deve também dar aos agricultores a oportunidade de planearem e diversificarem a sua produção em função da procura do mercado e de programarem as entregas ao mercado nos momentos em que os rendimentos são mais compensadores. Por último, a informação sobre o mercado pode ser um contributo valioso para os sistemas de alerta rápido, ao assinalar a escassez de alimentos que se reflecte em preços mais elevados, e pode também ajudar os responsáveis pelo planeamento do governo a compreender o funcionamento dos mercados (FAO, 1997).

Durante muitos anos, a FAO e outras organizações envolvidas no desenvolvimento da comercialização agrícola defenderam a criação de Serviços de Informação de Mercado (SIG) como forma de aumentar a eficiência dos sistemas de comercialização e promover uma melhor formação dos preços. A melhoria da informação permite aos agricultores planear a sua produção de acordo com a procura do mercado, programar as suas colheitas no momento mais rentável, decidir para que mercados devem enviar os seus produtos e negociar em pé de igualdade com os comerciantes (FAO, 1997). Foram observados outros benefícios para os comerciantes. A melhoria da informação deverá permitir aos operadores deslocar a produção de forma rentável de um mercado excedentário para um mercado deficitário e tomar decisões sobre a viabilidade da armazenagem, sempre que tecnicamente possível.

De acordo com a FAO (1997), a prestação eficiente de informações sobre o mercado pode ter benefícios positivos para os agricultores, comerciantes e decisores políticos. A informação de mercado actualizada permite aos agricultores negociar com os comerciantes a partir de uma posição de maior força. Facilita também a distribuição espacial dos produtos das zonas rurais para as cidades e entre mercados. Uma informação histórica de mercado bem analisada permite aos agricultores tomar decisões de plantação, incluindo as relacionadas com novas culturas. Permite também aos comerciantes tomar melhores decisões quanto à viabilidade do armazenamento intra e, eventualmente, inter-sazonal. Além disso, este tipo de informação ajuda os planeadores e investigadores agrícolas e pode dar um contributo importante para o alerta precoce de problemas iminentes de segurança alimentar. No entanto, este estudo coloca mais ênfase nos produtores e nos compradores no que diz respeito à informação de mercado, não considerando suficientemente outros actores como os fornecedores de factores de produção, as instituições financeiras, os serviços de extensão, etc., que são os principais intervenientes na cadeia de valor. Por mais importante que seja a informação sobre o mercado para permitir que os produtores se preparem com antecedência e negociem com os comerciantes a partir de uma posição de maior força, isso não é suficiente para que o processo seja um sucesso sem a inclusão de outras partes interessadas.

Este estudo explicou ainda que a tomada de decisões e o planeamento corretos dependem de informações fiáveis sobre as condições variáveis do mercado, que são expressas pela alteração dos preços. Os defensores das economias de mercado livre consideram que a flexibilidade dos preços é positiva, na medida em que reflecte tanto a oferta como a procura e a sazonalidade da produção e dá aos produtores incentivos para adaptarem a sua produção às exigências do mercado. No entanto, afirma-se que uma das condições prévias para uma economia de mercado é que a informação correta sobre as condições de mercado deve estar disponível e, dentro do razoável, acessível a todos. Os mercados devem proporcionar aos produtores e consumidores as facilidades e serviços necessários para permitir a formação de preços e facilitar as trocas.

Quando o risco ou o custo de identificação dos mercados é reduzido devido à disponibilidade de informação sobre o mercado, os custos de transação diminuem. A redução dos custos de transação influencia, assim, as quantidades e os preços no mercado. Por exemplo, quando os custos de transação diminuem, a oferta nas zonas urbanas aumenta e os preços diminuem. Consequentemente, a procura aumentará. Nas zonas rurais, os preços e as quantidades transaccionadas tendem também a aumentar. Os consumidores urbanos e os produtores rurais beneficiarão, assim, da redução dos custos de transação, enquanto os consumidores rurais terão de suportar preços mais elevados. Nos casos em que existem produtores mais próximos das zonas urbanas, estes obterão preços mais baixos do que até agora (FAO, 1997). É o que é produzido que será levado para o mercado, a informação de mercado apenas na comercialização, entretanto, o acesso ao mercado é um processo inteiro que começa com a produção, se a produção falhar afectará definitivamente a comercialização, independentemente do nível de informação de mercado disponível, é por isso que negligenciar outros intervenientes na cadeia de valor que poderiam tornar todo o processo um sucesso, como é o caso com esta teoria, não pode ser uma melhor abordagem em relação à ligação ao mercado. Esta teoria da informação de mercado, tal como utilizada neste estudo, tem um âmbito limitado, como já foi referido. Não conseguiu apreciar outras partes interessadas importantes ao longo da cadeia de valor que leva o produto dos produtores aos consumidores finais através do mercado.

2.3.1 Abordagem de ligação ao mercado e plataformas de inovação

De acordo com Klerkx, L. *et al*, (2012), as plataformas de inovação são formas de reunir diferentes partes interessadas para identificar soluções para problemas comuns ou para atingir objectivos comuns. Asseguram que os diferentes interesses são tidos em conta e que vários grupos contribuem para encontrar soluções. São utilizadas pelo sector privado para recolher informações e melhorar o trabalho em rede entre as principais partes interessadas de um determinado sector económico.

Lundy M. *et al.*, (2012) colocam-no da seguinte forma: "uma plataforma de inovação é um grupo de indivíduos (que muitas vezes representam organizações) com diferentes origens e interesses: agricultores, fornecedores de factores de produção agrícola, comerciantes, transformadores de alimentos, investigadores, funcionários governamentais, etc". Os membros reúnem-se para desenvolver uma visão comum e encontrar formas de atingir os seus objectivos. Podem conceber e executar actividades como um grupo ou coordenar actividades de membros individuais. Os membros individuais também podem inovar sozinhos, estimulados pelas actividades coordenadas do grupo. As plataformas de inovação podem enfrentar desafios e oportunidades a vários níveis: numa aldeia ou comunidade, num distrito ou a nível nacional, ou ao longo de uma cadeia de valor ou sector económico. Podem trabalhar a um único nível ou a vários níveis.

De acordo com Schut *et al.*, (2011), eles consideraram a plataforma de inovação do ponto de vista da investigação, para eles, as plataformas de inovação são defendidas como uma forma promissora de encontrar soluções para problemas complexos, como os da agricultura e da gestão dos recursos naturais. À medida que os problemas sociais, económicos e ambientais se tornam cada vez mais complexos, acreditam que os investigadores precisam de se envolver mais ativamente com as partes interessadas, como os agricultores, os profissionais do desenvolvimento e os decisores políticos, para explorar, conceber e implementar soluções.

Especificamente sobre as plataformas de inovação para o desenvolvimento da cadeia de valor agrícola, Calow *et al.* (2013) afirmaram que a abordagem dos mercados e das cadeias de valor se tornou recentemente moda nas intervenções de desenvolvimento agrícola, o mesmo acontecendo com as plataformas de inovação.

2.3.2 Mercados e cadeias de valor no desenvolvimento agrícola

As abordagens tradicionais ao desenvolvimento agrícola tendem a colocar a tónica na segurança alimentar - ajudar os agricultores a cultivar o suficiente para se alimentarem a si próprios e às suas famílias, e talvez um excedente para vender, mas, mais recentemente, a preocupação com os mercados tornou-se proeminente. Mesmo os agricultores de subsistência precisam de dinheiro, diz o raciocínio; precisam de ser capazes de cultivar coisas que possam vender. E se tiverem um mercado para os seus produtos, têm um incentivo para cultivar mais e ganhar mais. Isto dá início a um ciclo virtuoso de rendimentos e produção mais elevados, maiores rendimentos, padrões de vida mais elevados e mais investimento na produção. Mas a ligação dos agricultores aos mercados não é fácil. Pode ser necessário construir ou melhorar a infraestrutura física: instalações de armazenamento e transformação, mercados, estradas, eletricidade, meios de comunicação Calow *et al.* (2013).

Os agricultores podem precisar de se organizar em grupos para poderem vender a granel e negociar melhores preços. Precisam de ligações com potenciais compradores, de informação sobre preços e normas e de fontes de crédito. Podem enfrentar a resistência dos comerciantes que receiam a perda de poder e de lucros. Muitos programas e projectos governamentais visam ultrapassar estas dificuldades. Estes autores, ao contrário de Andrew W Shepherd (2007), que analisou apenas a relação entre agricultores e compradores, consideraram toda a cadeia de valor, dos produtores aos consumidores. Consideram cada etapa da cadeia, bem como os vários apoiantes da cadeia. Também consideram o contexto da cadeia: regulamentos, economia global, etc. Só que todos estes estudos se referem aos agricultores em geral, ao passo que o presente estudo se debruça sobre os produtores de arroz em particular.

2.3.3 Plataformas de inovação e cadeias de valor

As plataformas de inovação oferecem uma forma prática de lidar com as questões complexas e as múltiplas partes interessadas envolvidas nas cadeias de valor. Reúnem uma série de partes interessadas: agricultores, comerciantes, transformadores, fornecedores de factores de produção, fornecedores de crédito, fornecedores de informações de mercado, serviços de seguros, decisores políticos, extensionistas e investigadores. Juntos, estes actores concebem soluções para os problemas ao longo da cadeia de valor. As plataformas de inovação para cadeias de valor são invulgares na medida em que muitos dos seus membros provêm do sector privado. Nederlof e Pyburn (2012) acreditam que as suas motivações são sempre comerciais. Querem ver lucros. Se a plataforma não os conseguir obter, perderão o interesse. Por outro lado, se estas parcerias forem gratificantes, devem durar mais do que a duração do projeto. Outra caraterística invulgar é o facto de os membros da plataforma poderem competir entre si. Os agricultores competem entre si para vender os seus produtos; os comerciantes competem com os seus pares para comprar e vender; os transformadores competem para comprar factores de produção e vender os seus produtos. O mesmo acontece entre as diferentes fases da cadeia: os agricultores querem vender ao preço mais elevado possível, contornando, se possível, os pequenos comerciantes. Os comerciantes, por sua vez, querem manter o negócio para si próprios e comprar a baixo preço. Os pares em cada fase podem descobrir que podem juntar-se para cobrar preços mais elevados ou exigir preços mais baixos aos fornecedores.

Este estudo está de certo modo orientado para a cadeia de valor em que os membros dessas plataformas não vêem naturalmente os benefícios da cooperação e da partilha de informações, o que dificulta a tarefa da plataforma. Quando isto acontece, acredita-se que é necessária uma agenda aberta e uma facilitação competente. O facilitador deve ser neutro e ajudar os membros a compreenderem que uma cadeia de valor mais eficiente beneficia todos ao proporcionar maiores volumes, melhores normas, maior eficiência, custos mais baixos e menos desperdício.

Como os membros da plataforma beneficiam

De acordo com Pali e Swaans (2013), os agricultores podem beneficiar de tais plataformas aprendendo sobre a procura e os requisitos do mercado, alterando o que produzem e como o produzem. Podem organizar-se em grupos para agrupar os seus produtos e negociar melhores preços. Aprendem competências de marketing e a importância da confiança e das relações comerciais a longo prazo. Podem obter serviços como crédito e tecnologias de produção melhoradas através da plataforma. Os sistemas de produção tornam-se mais rentáveis. Os comerciantes e os transformadores podem beneficiar de um abastecimento de factores de produção maior, mais fiável e de melhor qualidade. Podem acolher favoravelmente a organização dos agricultores, uma vez que esta reduz os seus custos de transação. Os prestadores de serviços, como os fornecedores de factores de produção, as organizações de crédito e os serviços às empresas, ganham clientes para os seus produtos e serviços.

Um relatório do MIJARC/IFAD/FAO, (2012), que analisa a questão do ponto de vista dos jovens agricultores rurais, afirma que o acesso sustentável aos mercados é necessário para garantir aos pequenos agricultores um aumento do rendimento que lhes permita sair da pobreza. Uma vez que os jovens agricultores rurais são o futuro do sector agrícola, o seu acesso aos mercados é vital para impulsionar a produtividade, aumentar os rendimentos e reduzir a pobreza e a fome nos próximos anos. No entanto, os jovens enfrentam uma série de desafios quando tentam aceder aos mercados, mesmo para além dos condicionalismos enfrentados pelos pequenos agricultores em geral, especialmente nos países em desenvolvimento.

O estudo indica igualmente que o acesso à informação e à educação é mais difícil nas zonas rurais do que nas zonas urbanas. A literacia em TIC é também mais baixa, em particular entre as mulheres jovens pobres. No contexto da globalização em expansão, a procura de alimentos de maior valor e processados, combinada com o aumento dos supermercados em todo o mundo, tem implicações para o sistema global de comercialização de alimentos, uma vez que altera os sistemas de aquisição e introduz novas normas de qualidade e segurança (MIJARC/IFAD/FAO, 2012).

Devido ao aumento das ligações entre as zonas rurais e urbanas e a uma comunicação mais rápida, bem como à redução das barreiras comerciais, os mercados estão cada vez mais abertos e homogeneizados de acordo com as normas internacionais e, consequentemente, cada vez mais competitivos. Os novos sistemas de aquisição tendem a exigir fornecimentos grandes e constantes (destinados aos supermercados) e a favorecer os grandes agricultores em detrimento dos pequenos produtores, nomeadamente nos países em desenvolvimento. Estes jovens pequenos agricultores são muitas vezes obrigados a manter a conformidade com as normas de qualidade, a cobrir os custos de certificação e a investir em tecnologia e infra-estruturas, bem como numa mão de obra mais qualificada. Os jovens pequenos produtores agrícolas dos países em desenvolvimento podem, em teoria, vender os seus produtos em vários tipos de mercados: local (rural), urbano emergente, regional e internacional. A melhoria do acesso aos mercados nacionais, regionais e internacionais é importante para lhes permitir vender mais produtos a preços mais elevados. (MIJARC/IFAD/FAO, 2012)

O estudo acima referido limita-se aos jovens agricultores e às mulheres no que respeita ao seu fraco acesso ao mercado. Entretanto, o foco do presente estudo são os pequenos produtores de arroz em geral. É notável que todos estes estudos não tenham abordado especificamente o significado do acesso ao mercado para os produtores de arroz ou a forma de ligar ao mercado os produtores de arroz que têm os seus desafios específicos. Os pequenos produtores que se dedicam à produção de arroz requerem uma abordagem específica de ligação ao mercado. Este estudo tende a preencher essa lacuna, investigando a eficácia da abordagem de ligação ao mercado da empresa líder (plataforma de consórcio) para melhorar o acesso dos pequenos produtores de arroz ao mercado, particularmente no distrito de Sengerema, na zona dos lagos, na Tanzânia, onde a cultura do arroz é mais popular.

2.4 Revisão da literatura

2.4.1 Abordagem de ligação ao mercado

A FAIDA (2000) vê a Ligação ao Mercado como uma boa forma de promover e reforçar os grupos de agricultores. Os grupos de agricultores experimentam o princípio simples das economias de escala quando organizam conjuntamente a distribuição de insumos, a extensão e a recolha de produtos. Isto geralmente resulta numa base forte para construir grupos de agricultores orientados para o negócio. Com esta base firmemente estabelecida, os grupos podem ser reforçados em áreas como a poupança e o crédito, a recolha de informações de marketing, a análise de novas oportunidades de negócio, etc.

Além disso, os grupos podem trabalhar em conjunto para fins específicos, tais como fazer lobby junto dos decisores políticos, obter financiamento de doadores, investimentos conjuntos em infra-estruturas, etc.

2.4.2 Um estudo da abordagem de ligação ao mercado FAIDA

FAIDA é um projeto de desenvolvimento de microempresas que opera na zona norte da Tanzânia. O projeto é executado pela Organização de Desenvolvimento dos Países Baixos (SNV). O FAIDA presta assistência aos fornecedores de Serviços de Desenvolvimento Empresarial (BDS), desenvolve mecanismos para uma assistência financeira eficaz e facilita as ligações de mercado entre os pequenos agricultores e as empresas agrícolas. FAIDA é o termo swahili para lucro ou valor acrescentado. De acordo com a FAIDA (2000), a abordagem de Ligação ao Mercado da FAIDA foi estabelecida para facilitar ligações sustentáveis entre pequenos agricultores e empresas agrícolas. A interferência do Estado na vida económica diminuiu drasticamente na Tanzânia após a implementação do ajustamento estrutural e das políticas de liberalização do mercado. Os agricultores foram confrontados com um súbito colapso dos serviços públicos, como o fornecimento de factores de produção, a concessão de crédito e a compra de produtos. No entanto, o processo também criou novas oportunidades económicas, como o cultivo de culturas de rendimento alternativas e mais remuneradoras. Infelizmente, foi difícil concretizar estas oportunidades devido a factores como: falta de informação sobre oportunidades concretas de negócio; mercados de produção subdesenvolvidos e não competitivos; mau desempenho dos mercados financeiros e de factores de produção nas zonas rurais; e ausência de ligações com potenciais compradores.

Da mesma forma, as empresas agrícolas não conseguiram captar as novas oportunidades comerciais, entre outros, devido a: falta de informação comercial relevante; fornecimento inseguro e irregular de matérias-primas; dificuldades de acesso ao financiamento; e ausência de ligações com os agricultores. Perante esta situação, a FAIDA começou a experimentar a facilitação de contactos entre os pequenos agricultores e as empresas agrícolas, reunindo assim os intervenientes na
oferta e procura, numa tentativa de catalisar o desenvolvimento de uma empresa específica.

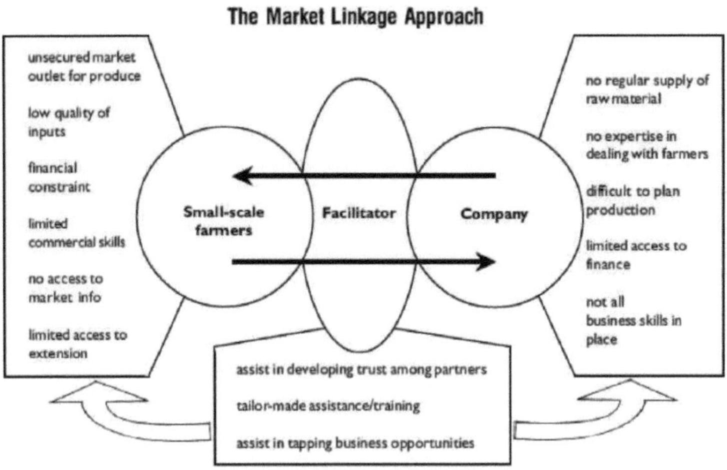

Fig. 1. FAIDA 2000

Ligação ao mercado FAIDA

A abordagem de ligação ao mercado é uma ferramenta que permite reunir pequenos agricultores (lado da oferta) e empresas agrícolas (lado da procura) com o objetivo de desenvolver uma empresa específica. Nesta abordagem, um facilitador actua como catalisador ou mediador e centra-se na criação de confiança entre ambas as partes. O facilitador: apresenta as partes umas às outras; ajuda na obtenção de informações relevantes e na prestação de formação personalizada; e é fundamental para o desenvolvimento da empresa como um todo. O conceito principal é que os agricultores e as empresas desenvolvam empresas comerciais sustentáveis que sejam mutuamente benéficas. O facilitador limita-se a ajudar no arranque e no desenvolvimento inicial deste processo, estando, por isso, apenas temporariamente envolvido. Num esquema típico de Ligação ao Mercado da FAIDA, os agricultores recebem insumos (i.e. sementes, fertilizantes, etc.), serviços de extensão e um pequeno empréstimo da empresa, ao mesmo tempo que lhes é assegurado que podem vender a produção a esta empresa, FAIDA 2000.

Os agricultores são ajudados pelo facilitador a organizar grupos com outros agricultores que operam no mesmo esquema. A fim de minimizar os custos de transação, a distribuição de insumos, a prestação de serviços de extensão e a recolha de produtos são organizadas através destes grupos de agricultores. Normalmente, os agricultores abrem uma conta poupança de grupo, que funciona como garantia para os factores de produção e os empréstimos concedidos pela empresa. A empresa tem a garantia do fornecimento de matérias-primas e pode planear a sua atividade em conformidade. Normalmente, a empresa não é apenas uma empresa comercial, mas está envolvida na transformação ou noutras actividades de valor acrescentado. O facilitador pode ajudar a empresa a aceder a fontes de crédito adicionais para poder financiar o projeto. O facilitador deve estar atento ao facto de a ligação ser justa para ambas as partes e conduzir a uma situação clara de ganho mútuo.

Por muito boa que pareça a abordagem de ligação ao mercado da FAIDA, não se pode dizer que tenha sido um sucesso total, caso contrário, teria sido adoptada em todas as cadeias de valor na Tanzânia, incluindo a cadeia de valor do arroz, e não haveria necessidade da abordagem de consórcio.

2.4.3 Ligação do mercado ao empoderamento do produtor (PEML)

De acordo com um relatório de conclusão do projeto compilado por James Wembe da Agri-business Development Company Limited, o Governo da República Unida da Tanzânia, em colaboração com o Fundo Internacional para o Desenvolvimento Agrícola (FIDA) e o Banco Africano de Desenvolvimento (BAD), está a implementar o Programa de Apoio às Infra-estruturas de Comercialização, ao Valor Acrescentado e às Finanças Rurais (MIVARF), um programa de sete anos (2011-2017), embora agora prorrogado por mais dois anos.

O programa MIVARF, de acordo com o relatório, está a melhorar as melhores práticas e os ensinamentos retirados do Programa de Desenvolvimento de Sistemas de Comercialização Agrícola (AMSDP) e do Programa de Serviços de Financiamento Rural (RFSP). O programa centra-se na melhoria do acesso aos serviços financeiros e de comercialização por parte das populações rurais economicamente activas pobres, dando simultaneamente ênfase à viabilidade financeira e comercial e à sustentabilidade do apoio aos beneficiários. O objetivo global do programa é reduzir a pobreza rural e acelerar o crescimento económico numa base sustentável, em conformidade com o quadro das estratégias de desenvolvimento nacional, que incluem MKUKUTA/MKUZA, ASDP, ATI, KILIMO KWANZA e SAGCOT).

O objetivo do programa é aumentar o rendimento e a segurança alimentar dos grupos-alvo pobres das zonas rurais através do acesso a uma vasta gama de serviços financeiros, juntamente com o necessário reforço das capacidades e ligações aos mercados. Para atingir o objetivo do MIVARF, o programa encarregou a Agribusiness Development Company limited de implementar a componente Producer Empowerment Market Linkage (PEML) em Katunguru, Kishinda, Nyanzenda, Nyakasungwa e Nyakaliro wards do distrito de Sengerema, com enfoque na redução da pobreza rural (pobreza de rendimentos e pobreza alimentar) MIVARF, 2017.

Os benefícios esperados do programa MIVARF incluem a melhoria das oportunidades de mercado e o aumento do valor acrescentado dos produtos de base visados, resultando num aumento do rendimento das famílias de pequenos agricultores participantes. Espera-se que estes benefícios sejam alcançados através de: Melhoria do acesso a serviços, mercados e informação; redução dos custos de transação; aumento da produção e da produtividade; aumento da segurança alimentar; redução das perdas pós-colheita; melhoria da qualidade dos produtos e aumento dos preços ao produtor (à saída da exploração); e melhoria das economias de escala.

De acordo com o relatório, o programa MIVARF não foi realmente produtivo na fase inicial devido ao facto de ter sido desviado por funcionários públicos e de os verdadeiros intervenientes não estarem adequadamente representados, o que levou a uma revisão da plataforma para uma mais inclusiva que reúna as principais partes interessadas.

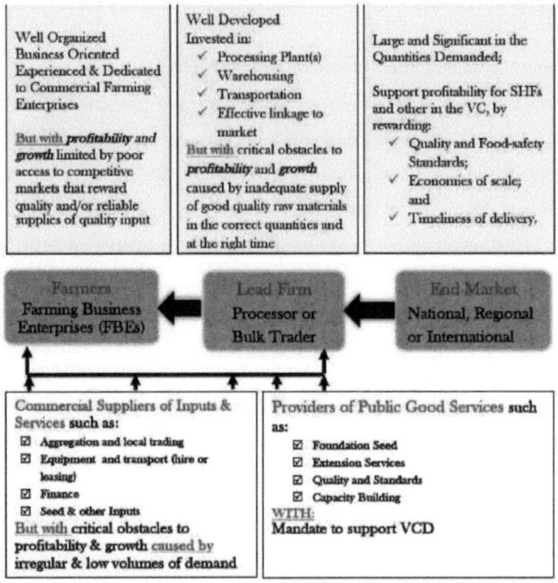

Figura 2: O modelo de consórcio, MIVARF (2017) Este projeto pode ser classificado como parcialmente eficaz no sentido de que cumpre todos os objectivos, embora algumas questões não tenham sido totalmente realizadas devido a circunstâncias inevitáveis, como a mudança de clima e a falta de competências agronómicas para alguns agricultores que estavam para além da estratégia definida pelo PEML para se envolver em questões técnicas relacionadas com a produção.

No que se refere à avaliação da sustentabilidade, o MIVARF 2017 define a sustentabilidade como a capacidade de um projeto/programa manter os seus serviços e benefícios durante e após o seu período de vida previsto, centrando-se em aspectos como a continuação das actividades do projeto durante o período pós-financiamento e a durabilidade das mudanças e do impacto provocados pelo projeto.

2.5 Revisão de estudos empíricos

Panorama do desempenho do sector da pecuária

O arroz é um dos cereais básicos mais importantes na Tanzânia, ocupando o segundo lugar a seguir ao milho. As principais regiões produtoras de arroz incluem Shinyanga, Morogoro, Mbeya, Mwanza e Rukwa. A tendência da produção de arroz aumentou nos últimos cinco anos: 1.239 toneladas (2005/06); 1.342 toneladas (2006/07); 1.346 toneladas (2007/08); 1.335 toneladas (2008/09) e 2.615 toneladas (2009/2010). O aumento da produção foi atribuído a uma série de factores que vão desde o aumento da terra irrigada, o aumento do rendimento do arroz irrigado e o sistema de subsídios em que os produtores de arroz recebem sementes e pacotes de fertilizantes, conforme relatado no desempenho. No distrito de Sengerema, a produção agregada de arroz tem vindo a aumentar desde 2010/11 (15.299,7 toneladas), 2011/12

2.5.1 Distrito de Sengerema.

Estão a ser feitos esforços para promover a produção de arroz na região de Mwanza, distrito de Sengerema. O arroz é um alimento básico e uma cultura de rendimento nesta área de estudo. Os produtores de arroz produzem quatro vezes mais do que a quantidade necessária para o auto-consumo e mantêm a sua economia familiar através da venda do excedente rudimentar. (DALDO, 2009)

Os agricultores de Sengerema estavam a produzir arroz, mas todas as estações lutam para ter acesso aos insumos agrícolas necessários (sementes melhoradas, fertilizantes de qualidade e produtos de proteção das culturas) no momento certo, na quantidade e qualidade certas e a um preço razoável. Muitas vezes não dispõem do dinheiro ou do crédito necessários para pagar os factores de produção. Após a colheita, os agricultores lutam para vender o arroz. Muitas vezes, não têm outra opção senão vender o seu arroz no mercado local (intermediário) por um preço baixo. Não estavam organizados (arranjo institucional) e não têm a capacidade (competências) para negociar melhores preços ou para armazenar o seu arroz até que os preços aumentem. Mesmo as opções básicas necessárias para acrescentar valor estavam fora do seu alcance. Relatório de conclusão do projeto MIVARF (2017).

2.5.2 Análise do impacto do programa MIVARF no distrito de Sengerma

Na promoção da produtividade do arroz, a Tanzânia implementou o Programa de Produtividade Agrícola da África Oriental (EAAPP), que procurava melhorar a produção de arroz nos distritos de Kahama, Bukombe, Magu, Sengerema, Mvomero, Mbarali e Kyela. O programa complementava as actividades do Programa de Desenvolvimento do Setor Agrícola (ASDP), promovendo a produção de arroz, pelo que o país foi designado como Centro Regional de Excelência do Arroz (RRCoE) para a comunidade da África Oriental. As abordagens de implementação do programa visavam aliviar alguns dos constrangimentos enfrentados na cadeia de valor do arroz paddy através do envolvimento de diferentes partes interessadas no desenvolvimento do sector do arroz paddy.

O resultado alcançado foi a formação de uma plataforma de inovação dos intervenientes no sector do arroz no distrito de Sengerema, cujos membros eram o Diretor Executivo do Distrito (Presidente), o Secretário Distrital da Agricultura, Irrigação e Cooperativas, representantes dos comerciantes agrícolas e dos agricultores. Infelizmente, a plataforma de inovação formada acabou por ser um elefante branco (não funcional). As razões por detrás do não funcionamento foram atribuídas ao facto de a formação da plataforma ter sido uma abordagem de cima para baixo; as partes interessadas da cadeia de valor não estavam capacitadas para compreender que o órgão existia para servir os seus interesses; a configuração da plataforma de inovação foi feita de tal forma que mais de 60% dos membros eram funcionários públicos; Os agricultores, como um nó importante na cadeia, estavam mal representados, sem falar que eram marginalizados pelo resto dos membros da plataforma; não havia termos de referência anexados à plataforma, nem havia papéis especificados contra os quais o desempenho seria avaliado; e a plataforma de inovação carecia de um arranjo institucional que mostrasse claramente a linha de comando e a responsabilidade dos membros (MIVARF, 2017).

Portanto, desde a formação da plataforma das partes interessadas do arroz no ano de 2011 a 2016, não houve nenhuma reunião realizada e nenhuma atividade relatada. O prestador de serviços recomenda que a plataforma das partes interessadas do arroz formada no ano de 2011 precisa de ser reforçada e criar uma solução para ligar os agricultores aos mercados de insumos, produtos e financeiros no distrito de Sengerema.

2.5.3 Comercialização do arroz no distrito de Sengerema

A atividade de comercialização do arroz era uma tarefa difícil para os agricultores de Sengerema e da zona dos lagos em geral. A comercialização começava na altura da preparação da terra, da plantação, da monda, da fertilização, da criação de aves e da colheita. Era dominada por intermediários que andavam pelas casas e distribuíam dinheiro aos agricultores para facilitar as actividades agrícolas. Foi relatado que 20.000,00 TZS eram pagos antecipadamente por um saco de arroz que era medido através do uso de um balde modificado. Calculou-se que um saco equivalia a 6 baldes com mais de 100 quilogramas de peso bruto. Em relação a isso, a comercialização colectiva não era praticada no distrito de Sengerema, exceto no bairro de Katunguru e na cidade de Sengerema, onde as mulheres, através de grupos não formais, operam individualmente na comercialização do arroz. Da mesma forma, em todas as cinco alas de Kishinda, Katunguru, Nyanzenda, Nyakasungwa, Nyakaliro e Sengerema no seu todo, o Sistema de Recibo de Armazém (WRS) para o arroz não era praticado antes das intervenções do Mivarf.

Durante o inquérito de base, foi referido que mais de 80% dos agricultores armazenam as colheitas em casa e que a venda é feita, na sua maioria, imediatamente durante e alguns dias após a colheita. Em relação a isso, menos de 30% vendem a produção de arroz nos últimos meses após a colheita. O preço do arroz na altura da colheita variava entre 21.000,00 TZS e 50.000,00 TZS e alguns meses depois da colheita sobe para 80.000,00 TZS. O custo de produção para um acre foi estimado em 430.000,00 TZS e a produção média num acre é de 12 sacos, dos quais um saco é vendido a 30.000,00 TZS durante a colheita. Idealmente, a partir destes cálculos brutos, os agricultores obtêm uma perda de 70.000,00 TZS. A razão para o aumento dos preços foi relatada como sendo a diminuição da oferta, o aumento da procura e a qualidade do arroz. O preço do arroz em Sengerema foi determinado pelos compradores, enquanto a qualidade do produto e o custo de produção não foram utilizados na fixação do preço do arroz. Os compradores determinam predominantemente o preço do arroz e pagam preços diferentes pelo mesmo produto, dependendo da força de negociação do vendedor. Mais de 90% dos compradores eram compradores locais e 35% eram intermediários envolvidos em contratos informais. Por outro lado, o valor acrescentado não era uma atividade prioritária para os produtores de arroz em casca e o arroz branqueado estava cheio de pedras. As fontes de informação sobre o mercado eram os agricultores, os intermediários e os comerciantes individuais. Os principais constrangimentos à comercialização do arroz paddy foram identificados como flutuações de preços, infra-estruturas deficientes, unidades de medida pouco fiáveis e moagem inadequada do arroz, clima adverso e falta de competências no negócio do arroz. Como solução para os principais constrangimentos da comercialização do arroz, o prestador de serviços promoveu a utilização da comercialização colectiva do arroz em cinco bairros de Kishinda, Katunguru, Nyanzenda, Nyakaliro e Nyakasungwa no distrito de Sengerema. A comercialização colectiva do arroz foi promovida e implementada desde março de 2016 até à data em toda a área do projeto MIVARF e tem demonstrado uma sustentabilidade promissora. Um total de 240 membros (118 homens e 122 mulheres) participaram na comercialização colectiva para armazenar 1.631 sacos de arroz (122,325 toneladas) equivalentes a 114.170.000,00 TZS (cento e catorze milhões e setenta mil apenas). MIVARF 2017.

Iniciativas (acções) dos prestadores de serviços:

- **Os agricultores foram organizados em grupos**: O Provedor de Serviços, através do Empoderamento dos Produtores e Ligação ao Mercado (PEML), mobilizou agricultores individuais para a formação de grupos de produtores. Isso resultou na formação de 43 grupos de produtores com um número total de 1.376 membros (747 homens e 629 mulheres). Para que os grupos fossem funcionais, os grupos de agricultores desenvolveram, adoptaram estatutos e registaram-se. Em seguida, os grupos de produtores foram sensibilizados para a comercialização colectiva através de um sistema simplificado de recibos de armazém. Quando a comercialização colectiva foi apresentada aos agricultores, as sobrancelhas dos que duvidavam entre eles ergueram-se e caíram. Hoje, na área de cobertura do MIVARF, a comercialização colectiva está a avançar.

• **Os grupos foram capacitados**: a abordagem de extensão de agricultor para agricultor foi concebida para grupos de representantes de agricultores de cinco alas de Sengerema que visitaram Nyambogo (cidade de Geita), Mbarali, Msalala e Magugu SACCOS (distrito de Babati). Durante a visita de intercâmbio, foram formados dois grupos para uma interação adequada entre os participantes. Os primeiros grupos eram constituídos por agricultores de (Sengerema) que interagiam com os agricultores anfitriões e por funcionários que interagiam com os funcionários anfitriões. Todas as cinco alas participaram na capacitação de grupos dentro e fora do distrito de Sengerema.

- **Planeamento participativo para a comercialização colectiva**: no final da atividade de visita de intercâmbio planeada, o representante dos agricultores de cada bairro preparou um relatório de atividade. O plano de implementação da comercialização colectiva fazia parte do relatório. Os relatórios preparados pelos representantes das alas foram apresentados numa reunião informal organizada com todos os participantes na visita de intercâmbio, como forma de melhorar o plano de ação para a implementação. Em seguida, o líder de topo dos grupos, sob a orientação do extensionista da ala, foi solicitado a apresentar um calendário de comercialização colectiva que deveria ser seguido pelo promotor chave da comercialização colectiva a nível mundial. O plano de ação de comercialização colectiva foi preparado e implementado por todas as cinco alas que implementaram as intervenções do MIVARF no distrito de Sengerema.

- **Formação de líderes de topo a nível de bairro**: como meio de simplificar a implementação das actividades do PEML pelos prestadores de serviços, os grupos de produtores foram aconselhados a formar um topo de coordenação a nível de bairro. Os chefes de topo a nível de bairro eram responsáveis por ajudar a mobilizar grupos a nível das aldeias e eram utilizados como ponto de entrada para novas inovações e tecnologias. Os líderes de vértice foram selecionados na reunião organizada dos grupos de bairro. Nas cinco intervenções do MIVARF, os líderes de topo estão a trabalhar lado a lado com os prestadores de serviços e os extensionistas comunitários. Os líderes de topo foram responsáveis pela sensibilização dos grupos de produtores para contribuírem em dinheiro para o aluguer de instalações de armazenamento que variavam entre TZS 100.000,00 e TZS 120.000,00 por bairro. De igual modo, os líderes de topo coordenaram a preparação das constituições que foram utilizadas durante a implementação da comercialização colectiva em 2016.

- **Ligação dos produtores aos compradores**: os líderes de topo da comercialização colectiva foram ligados ao potencial comprador de arroz de Kahama, que é conhecido pelo nome nike de ***Hamisi mazao***. Devido às competências dos grupos e ao poder de negociação adquiridos durante a implementação da plataforma de marketing coletivo e inovação em Sengerema. A situação da fixação de preços mudou dos compradores para os grupos de comercialização colectiva. O comprador mudou-se do distrito de Kahama para o distrito de Sengerema, mas os grupos de produtores não concordam com o preço oferecido. O preço pretendido é de 100.000,00 TZS por saco de 75 quilogramas. O comprador era capaz de pagar por toda a remessa que foi armazenada através da recolha de marketing no distrito de Sengerema.

- **O facto interessante após o marketing coletivo (Resultados):**

A comercialização colectiva implementada em Sengerema ganhou legitimamente o estatuto de estratégia de comercialização adequada para os produtores de arroz em pequena escala, que se libertam do jugo da exploração por parte dos vendedores de arroz, incluindo homens e mulheres intermediários. Os agricultores de Sengerema costumavam produzir e vender arroz em casca aos vendedores a um preço à saída da exploração que variava entre 20.000 e 35.000 TSZ por saco de 75 quilos de arroz durante a colheita. O custo médio de produção num acre foi estimado em 430.000,00 TZS. Isto inclui o custo da mão de obra familiar, enquanto a produção média num hectare é de 12 sacos, dos quais um saco é vendido a 30.000,00 TZS durante a colheita. Idealmente, a partir destes cálculos brutos, os agricultores tiveram uma perda de TZS 70.000,00 e nem sequer atingiram o ponto de equilíbrio, que é de TZS 430.000,00. Mas, na perceção dos agricultores, eles não se apercebem de que estão a ter prejuízo, uma vez que não têm em conta a mão de obra familiar em todas as actividades realizadas pela família e apenas custam insumos agrícolas, como sementes e fertilizantes. Mas através da comercialização colectiva, a venda atingiu TZS 80.000,00 por saco de 75 quilogramas de arroz em casca. Portanto, para a produção de 12 sacos por acre, a receita total é estimada em 960.000,00 TZS, levando a um lucro de 530.000,00 TZS para os produtores que participam na comercialização colectiva de arroz em casca como abordagem de comercialização de arroz em casca em cinco alas do distrito de Sengerema.

2.5.4 Os impactos da comercialização de colecções:

No que diz respeito ao impacto sobre o conhecimento, a atitude, as competências e a prática, a comercialização colectiva nos armazéns de Sengerema, os agricultores, através da associação de cúpula da ala, conseguiram melhorar o poder de negociação do preço do arroz adequado à sua produção. Com a utilização adequada das instalações de armazenamento dos armazéns alugados e do equipamento fornecido através do programa MIVARF. Os grupos de produtores de arroz em casca conseguiram saber o peso exato dos seus produtos, utilizando balanças electrónicas credíveis antes da venda, o que não acontecia antes da intervenção do MIVARF. Devido à comercialização colectiva, o preço do arroz paddy aumentou de TZS500,00 por quilograma (durante a colheita) para TZS 1.093,00 por quilograma (após a comercialização colectiva nas zonas

MIVARF). O mesmo saco de arroz que, na altura da colheita, era vendido a 35.000 TSZ, está agora a custar 90.000,00 TZS. Da mesma forma, no que diz respeito à questão política, o Ministério da Agricultura, Pecuária e Pescas, durante a visita de campo realizada em março de 2017 para o inquérito sobre segurança alimentar, prometeu apoiar as iniciativas de comercialização colectiva em Sengerema através da construção de um armazém na ala de Kishinda, porque os agricultores estavam organizados e praticavam um sistema simplificado de recibos de armazém através de acordos locais (loja alugada).

Wembe e Ogenga (2017). Os Distritos de Sengerema, Msalala, Chato e Magu têm estado a operar um programa orientado para o mercado, o MIVARF apoiou o programa através de Prestadores de Serviços (SPs) para agilizar a Cadeia de Valor do arroz. Uma das abordagens usadas para ligar os agricultores ao mercado é o estabelecimento de uma plataforma de inovação (Consórcio) que reúne os potenciais interessados no arroz dentro e fora dos distritos. O facilitador, parceiro (SPs) foi necessário para reunir, sem preconceitos e coordenar várias partes interessadas da cadeia de valor do arroz. O consórcio é um espaço de aprendizagem e mudança, envolvendo indivíduos e grupos com diferentes antecedentes, que se reúnem para diagnosticar problemas, identificar oportunidades e encontrar formas de alcançar os objectivos da cadeia de valor. As partes interessadas também concebem/implementam actividades, quer como plataforma, quer coordenadas por indivíduos.

O modelo de consórcio oferece uma forma prática de lidar com as questões complexas e as múltiplas partes interessadas envolvidas nas cadeias de valor incluem compradores (compradores/empresa líder), agricultores, fornecedores de factores de produção, instituições financeiras, fornecedores de informações de mercado, serviços de seguros, decisores políticos, agentes de mudança e investigadores. As partes interessadas supramencionadas concebem soluções para os problemas ao longo da cadeia de valor do arroz e do arroz e o processo de gestão e funcionamento das plataformas é flexível, adaptável e dinâmico, gerindo o diálogo e estimulando a análise colectiva dos problemas por várias partes interessadas, com o objetivo de superar os desafios através da utilização das oportunidades.

O principal objetivo do consórcio é tornar toda a empresa de arroz rentável para as partes interessadas e, em última análise, melhorar os seus meios de subsistência. Para atingir este objetivo, as partes interessadas reúnem-se numa base adhoc e regular para discutir os desafios e as oportunidades que existem na empresa (cadeia de valor do arroz). As partes interessadas procuram soluções para os desafios através de uma abordagem sinergética em que todos os membros da plataforma vêem as vantagens. Reforçar o fortalecimento e as ligações sustentáveis ao mercado através do modelo de consórcio.

De acordo com o relatório de implementação progressiva do MIVARF para o trimestre de julho a setembro de 2017, um relatório de base, a implementação do MIVARF no distrito de Sengerema começou em novembro de 2015, centrando-se no sub-sector do arroz numa área de operação composta por cinco (5) alas, nomeadamente Kishinda e Katunguru (Conselho Distrital de Sengerema), enquanto Nyanzenda, Nyakasungwa e Nyakaliro (Conselho de Buchosa). O programa funciona em 14 aldeias com potencial para a produção de arroz, num total de 21 aldeias em cinco distritos. Foram formados 49 grupos de agricultores com um total de 1 376 membros, incluindo 747 homens e 629 mulheres. O total de beneficiários diretos do programa foi estimado em 54 899 de um total de 663 034, com base no Recenseamento Nacional da População e da Habitação de 2012.

De acordo com este relatório do MIVARF, esta abordagem está a começar a produzir mudanças em termos de produtividade e de rendimento anual dos agricultores, como indicado nos quadros abaixo.

Quadro 1. Evolução da produção e da produtividade

Na	Activity	Farmers	Measure	2014/15	2015/16	2016/17	Reasons for variations
1	Production	1376	Acreage	2119.35	2119.35	2119.35	
2	Productivity	1376	Kg/acre	900	900	1350	Application of GAP

Tabela 2. Alterações no rendimento dos agricultores

A variação do custo de produção e as razões para essa variação

Na	Activity	Measure	2014/15	2015/16	2016/17
1	Cost of production	TZS/Acre	412,875/=	430,020/=	645,030/=
2	Harvesting	Kg/Acre	900	900	1350
3	Loss/Home consumption	Kg/Acre	375	375	562.5
4	Sales	Kg/Acre	525	525	787.5
5	Farm gate price	TZS/Acre	360,000/=	360,000/=	540,000/=
6	Income	TZS/Acre	573,823/=	573,823/=	860,737.50/=
7	Gross Margin	TZS/Acre	28%	28%	25%
8	Cost of operation (Loan and Marketing)	TZS/Acre	412,875/=	412,875/=	645,030/=
9	Profit	TZS/Acre	160,948/=	160,948/=	215,707.50/=
10	Profit	TZS/Kg	634.25/=	634.25/=	615.20/=

Alterações devidas à melhoria das infra-estruturas e dos sistemas de comercialização

A variação do preço dos produtos agrícolas pode ser atribuída a uma melhoria das infra-estruturas de mercado. A existência de estradas reabilitadas levou à redução dos custos de transporte da produção para a área de mercado. Entretanto, a introdução da comercialização colectiva e a construção de armazéns modernos revelaram resultados significativos para os agricultores da zona de intervenção. Registou-se um aumento abrupto de compradores nos pontos de venda estabelecidos, o que levou a um aumento do volume de vendas acompanhado de um aumento do preço. Pensa-se, portanto, que a disponibilidade de um mercado estável irá impulsionar a produção entre os membros das SHPGs, melhorando assim os meios de subsistência das famílias. O presente estudo destina-se a averiguar estas mudanças através de uma nova investigação.

CAPÍTULO 3

METODOLOGIA

3.0 Introdução

O estudo sobre a eficácia da plataforma de consórcios de arroz para melhorar o acesso dos pequenos produtores ao mercado no distrito de Sengerema, região de Mwanza, na zona dos lagos da Tanzânia, foi realizado entre março e maio de 2018. Envolveu visitas de campo a grupos de pequenos agricultores no distrito. Foram realizadas entrevistas com informantes-chave e partes interessadas no projeto. O estudo analisa e baseia-se em trabalhos de muitos autores sobre a abordagem de consórcio e o acesso ao mercado.

3.1 Área de estudo

A Tanzânia é um país da África Oriental que faz fronteira com o Quénia e o Uganda a norte: Ruanda, Burundi e República Democrática do Congo a Oeste: Zâmbia, Malawi e Moçambique a Sul; e o Oceano Índico a Leste. A República Unida da Tanzânia foi criada em 1964, na sequência da união da República de Tanganica (formada em 1961) e de Zanzibar. As suas línguas oficiais são o kiswahili e o inglês. Dodoma é a capital nacional da Tanzânia e o xelim da Tanzânia (TZS) é a moeda oficial. É o 13th maior país de África e está situado na África Oriental (National Bureau of Statistics, 2012).

A economia da Tanzânia depende fortemente da agricultura, que representa mais de um quarto do PIB, fornece 85% das exportações e emprega cerca de 80% da população ativa. (Karfakis e Rapsomanikis, 2008). O distrito de Sengerema é um dos 8 distritos da região de Mwanza, na zona dos lagos da Tanzânia. O distrito está situado a sudoeste da Câmara Municipal de Mwanza. O distrito fica a 35 quilómetros da cidade de Mwanza e tem uma área de 8.817 quilómetros quadrados. Os 3.335 quilómetros quadrados são secos, enquanto 5.482 quilómetros quadrados são cobertos por água (Lago Vitória).

Figura 2: Mapa do distrito de Sengerema (Wikipedia)

O distrito situa-se entre as latitudes 20 e 30 a sul do equador e a longitude 310 e 450 a leste de Greenwich. O distrito faz fronteira com o distrito de Ukerewe a norte, com os distritos de Ilemela e Nyamagana a leste, com o distrito de Misungwi a sul e com o distrito de Geita a oeste. De acordo com o censo nacional de 2012, o distrito tinha uma população total de 663.034 pessoas, das quais 330.018 (49,98%) do sexo masculino e 333.016 (50,2%) do sexo feminino1 , com uma taxa de crescimento de 3,6% ao ano. A população com menos de 15 anos era de 293 061 pessoas (44,2%), enquanto a população em idade ativa (15-64 anos) era de 344 778 pessoas (52% da população). Do mesmo modo, as pessoas com mais de 65 anos representavam 25 195 (3,8%) da população. As principais ocupações da população são a agricultura, a criação de gado e a pesca. No entanto, a maior parte do rendimento do distrito (cerca de 80%) é contribuído pelo sector agrícola que emprega mais de 90% do total de residentes do distrito.

O distrito de Sengerema tem um padrão de precipitação bimodal que consiste em chuvas curtas e longas. As chuvas curtas começam em outubro e atingem o pico em dezembro e terminam em janeiro. A chuva longa começa em fevereiro e termina em maio. A precipitação anual varia entre 800 mm e 1200 mm. A temperatura média do distrito está entre 21^0 C - 23^0 C, sendo agosto o mês mais quente. Sistema de Administração - O distrito de Sengerema está dividido em 5 divisões, 34 distritos, 126 aldeias registadas e 766 sub-aldeias. O distrito tem 34 conselheiros e 2 membros do Parlamento para os círculos eleitorais de Sengerema e Buchosa. A fim de assegurar a participação das pessoas no desenvolvimento, o distrito foi dividido em conselho de Sengerema e conselho de Buchosa. O programa MIVARF, que teve início em novembro de 2015, centrando-se no subsector do arroz, visou 5 alas que incluem: Kishinda (12.342 pessoas), Katunguru (20.284 pessoas), Nyanzenda (20.654 pessoas), Nyakasungwa (20.817 pessoas) e Nyakalilo (33.830 pessoas) com um total de 107.927 pessoas (53.417 homens e 54.510 mulheres), o que representa 16,28% da população total do distrito de Sengerema. O programa opera em 14 aldeias com potencial para a produção de arroz, de um total de 21 aldeias em cinco distritos.

Plate 1. Farmers in Katungwa Ward

Plate 2. Farmers in Nyakaliro Ward

Plate 3. Farmers in Nyakasungwa Ward

Plate 4. Farmers in Kishinda Ward

Plate 5. KII with Mr Samuel Laizer (Financial Provider)

Plate 6.FGD with head of AMCOS, Extension Officers, etc.

3.3 População do estudo

A população do estudo inclui todos os 1 376 pequenos agricultores envolvidos na plataforma de consórcios de arroz no distrito de Sengerema, região de Mwanza, na Tanzânia, dos quais 747 são homens e 629 são mulheres. Existem 49 grupos de agricultores no âmbito desta plataforma, com uma média de 30 membros em cada grupo

3.4 Processo de amostragem

O processo de amostragem utilizado no estudo foi um método de amostragem de abordagem em várias fases. Foi utilizado o método de amostragem selectiva para escolher todas as plataformas de consórcios de arroz no distrito de Sengerema. Seleção selectiva da zona dos lagos de entre as 6 divisões da Tanzânia (Central, Costeira, dos lagos, do Norte, das terras altas do Sul e de Zanzibar), da região de Mwanza de entre as 6 regiões da zona dos lagos e do distrito de Sengerema de entre os 8 distritos da região de Mwanza. Seleção selectiva de 4 dos 5 bairros do distrito de Sengerema e, em seguida, seleção aleatória de 12 das 14 aldeias com potencial para a produção de arroz de 21 aldeias dos cinco bairros.

Seleção aleatória de 30 dos 49 grupos de agricultores afiliados à plataforma do consórcio no distrito de Sengerema. Foi selecionada aleatoriamente uma média de 11 inquiridos para representar cada um dos 30 grupos. A técnica de amostragem aleatória simples foi utilizada para selecionar 344 pequenos agricultores de arroz de entre os 1.376 agricultores envolvidos na plataforma de consórcio. A amostragem por conveniência também foi usada para selecionar 16 outros intervenientes na cadeia de valor, que incluem: chefes de grupos de agricultores, membros executivos da AMCOS, chefes de plataformas de inovação, prestadores de serviços, chefes de uma plataforma de consórcio, funcionários de serviços de extensão, gerente de filial do Banco de Microfinanças.

Determinação da dimensão da amostra

O tamanho da amostra de 344 foi obtido utilizando 25% da população total, que é de 1.376. Este cálculo de 25% baseou-se na lógica de que, de um total de 49 grupos de agricultores que constituem a população (1.376), foram selecionados 30 grupos de agricultores e uma média de 11 membros foi retirada de cada um dos 30 grupos de agricultores selecionados, o que dá um total de 344 inquiridos. 344 dividido por 30 dá-nos 11, o número escolhido de cada grupo, que são os inquiridos para o questionário.

Another 16 respondents selected for Focus Group Discussion, FGD and Key Informant nterview, KII, these includes; the General Manager of Hamisi Mazao, a consortia platform, Sengerema Branch Manager of Vision Fund Tanzania MFB, Mr Samuel Laizer,(fmancial provider), Mr. Fredrick E. Ogenga, sócio-gerente da SEIDA, (prestador de serviços), James Wembe, (prestador de serviços), Samuel Muganga (Grupo MAZAO), diretor da AMCOS, chefes de grupos de agricultores, extensionistas, etc.

Validade

Para garantir a validade e a fiabilidade dos instrumentos, foi feito um pré-teste noutra área que não a área de estudo para avaliar a capacidade dos inquiridos para interpretar e administrar o questionário. Os instrumentos foram também submetidos ao supervisor local e ao supervisor no local para as correcções necessárias.

3.5 Procedimento e instrumento de recolha de dados

Foram recolhidos dados quantitativos e qualitativos, utilizando fontes de dados primárias e secundárias. A informação factual sobre a eficácia da plataforma Paddy Consortia na melhoria do acesso dos pequenos agricultores ao mercado foi recolhida através da utilização de um questionário estruturado (fechado e aberto). Os dados foram recolhidos através de observação direta no terreno.

Os dados secundários foram recolhidos em revistas, boletins informativos, inquéritos de base, trabalhos de investigação publicados e livros. A entrevista com informadores-chave (KII) e a discussão em grupo (FGD) também foram utilizadas para recolher dados qualitativos do operador da plataforma de consórcios e de outras partes interessadas. Foram também tiradas fotografias dos projectos e dos inquiridos com uma máquina fotográfica digital e foi utilizado um gravador de voz para gravar as entrevistas com os inquiridos.

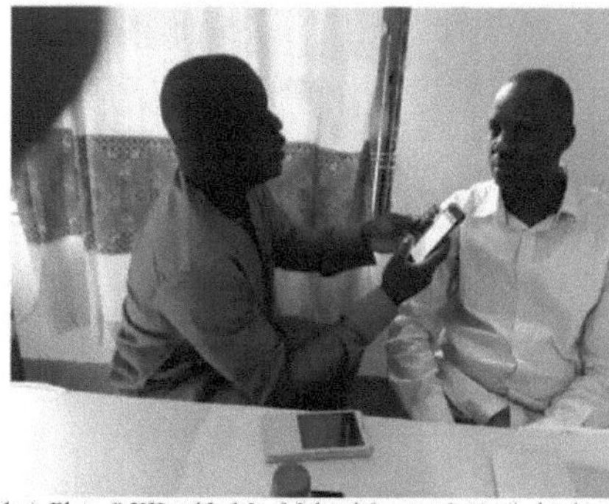

Plate7.KII with Mr. James Wembe & colleague (Service provider) Plate 8.KII with Mr. Muhoni Leonard (Agri- business Expert)

Os dados recolhidos para o estudo foram gerados com a ajuda de seis enumeradores de campo recrutados e formados num exercício de formação pré-campo de um dia. Os enumeradores foram escolhidos entre os jovens da comunidade com a ajuda da Pessoa Vocal do Distrito que ajudou a identificar os que tinham conhecimentos práticos de agricultura, produção de arroz e caraterísticas socioeconómicas e culturais da área de estudo.

No total, foram alcançadas 4 freguesias (Katungwa, Nyakatungwa, Kishinda e Nyakaliro) e 12 aldeias (Kutunyuru, Kasomeko, Nyankasungwa, Majengo, Igwanzozu, Kishinda, Tunyenye, Mami, Isebya, Kasela, Itumbili, Nyakaliro) através de motociclos. Os inquiridos foram agrupados em 6 grupos, (número de enumeradores), os cabeças de ovo de entre eles foram identificados e foi-lhes pedido que liderassem cada grupo para interpretar para os inquiridos em kswahili à medida que os enumeradores explicavam a cada grupo.

3.5 Medição de variáveis

Existem três variáveis principais para medir a eficácia da plataforma de consórcios de arroz no distrito de Sengerema;

1. O nível de vendas (variação das vendas unitárias) dos agricultores antes e depois da sua participação na plataforma
2. A rendibilidade (margem unitária) dos agricultores antes e depois da sua participação na plataforma
3. Benefícios/apoio obtidos pelos agricultores antes e depois do seu envolvimento na plataforma

Variável de controlo experimental e aleatório

O estudo utilizou a aleatorização para demonstrar uma relação causal entre a intervenção da abordagem de consórcio e os resultados na produção e no rendimento dos pequenos agricultores **antes** e **depois do** envolvimento na plataforma de consórcio de arroz no distrito de Sengerema. Os ensaios de controlo aleatório

estimam a eficácia do programa comparando os resultados dos participantes **antes** e **depois da** intervenção da abordagem de consórcio. Os pequenos agricultores de arroz da amostra foram selecionados aleatoriamente como grupo experimental e grupo de controlo e os resultados da abordagem de consórcio na sua produção e rendimento **antes** e **depois** foram avaliados para determinar a relação causal entre a intervenção da abordagem de consórcio e os resultados para determinar a eficácia da abordagem de consórcio.
A comparação é feita sobre o resultado da atividade agrícola dos agricultores antes e depois de aderirem à plataforma do consórcio. A variável de controlo aleatório (RCV) aumentou a precisão das estimativas dos efeitos (fiabilidade) do estudo e permite ter em conta o viés de seleção.

Medição de variáveis e expectativas *a priori*

O estudo mediu os indicadores de input, output, resultado e impacto das variáveis independentes e dependentes: **Indicadores de entrada:** Foram medidos os recursos e os esforços necessários para a produção de arroz. Foi medido o financiamento, os factores de produção, a informação sobre o mercado, a formação e os serviços de extensão, bem como o nível de satisfação com esses serviços de apoio em termos de oportunidade, frequência e eficácia em termos de custos. Outros indicadores de insumos necessários ao processo de produção exigido para realizar a produção de arroz no consórcio. A terra cultivada é medida em acre pelo agricultor do consórcio.

Indicadores de resultados: O estudo mediu os resultados do processo de produção. A quantidade de arroz produzida pelos agricultores foi medida utilizando uma escala padrão. Os agricultores mediram as suas produções usando sacos de 120 quilogramas. A conversão da escala de 120 quilogramas foi feita para refletir a medição em toneladas métricas.

Indicadores de resultados: Os efeitos dos resultados nos beneficiários do consórcio foram medidos e implicam a melhoria do acesso aos factores de produção, ao crédito e, em última análise, ao mercado.

Os Indicadores de Impacto envolvem as mudanças resultantes dos resultados do projeto e conotam os efeitos generalizados a longo prazo (diretos e indirectos; intencionais e não intencionais da abordagem do consórcio sobre os membros do consórcio de paddy em benefício. Os efeitos podem ser económicos, socioculturais, institucionais, ambientais e tecnológicos, para além das mudanças na produção, produtividade, rendimento, desenvolvimento de capacidades e bem-estar.

Outros indicadores determinados pelo estudo são as caraterísticas empresariais/económicas e pessoais dos beneficiários - idade, sexo, estado civil, dimensão da família e pertença a um grupo de agricultores, meios de subsistência, naturalidade, habilitações literárias e constrangimentos à cultura do arroz.

3.6 Método de análise de dados e técnicas

Os dados recolhidos no terreno foram codificados, coligidos, verificados e introduzidos numa folha de dados. Os dados já codificados foram analisados utilizando o Statistical Package for Social Sciences (SPSS statistics IBM 20 e a folha de cálculo MS Excel. Os dados qualitativos e quantitativos foram gerados para o estudo e apresentados através de uma combinação de tabulação cruzada, gráficos e imagens. Foram utilizadas estatísticas descritivas (frequências, percentagem, rácio, média e desvio-padrão) e estatísticas inferenciais (teste t) para determinar a distribuição das variáveis no estudo, a fim de determinar a eficácia geral da abordagem do consórcio nas áreas de estudo.

Os dados relativos aos Objectivos 2 e 3 foram gerados através de questionários, KII, guias de FGD e analisados através de estatísticas descritivas (percentagem, frequências, média e desvio padrão) e estatísticas inferenciais (teste t e valor p).

Os dados relativos aos Objectivos 2 e 3 foram gerados através de questionários, KII, guias de FGD e analisados utilizando estatísticas descritivas (percentagem, frequências, média e desvio padrão) e estatísticas inferenciais (teste t e valor p).

Os derivados dos objectivos 4 e 5 são extraídos de questionários, KII, guias de FGD, observação e revisão de documentação e analisados utilizando estatísticas descritivas e modelo financeiro.

A metodologia utilizada neste estudo é uma variável experimental e de controlo, de modo a estabelecer uma relação causal entre a intervenção da plataforma de consórcio e os resultados sobre a produtividade e o rendimento dos pequenos agricultores antes e depois da sua adesão à plataforma de consórcio. Os ensaios aleatórios de controlo estimam a eficácia do programa comparando os resultados dos participantes **antes** e **depois do** seu envolvimento na plataforma de consórcios. Os pequenos agricultores que constituem a amostra foram selecionados aleatoriamente como grupo experimental e grupo de controlo e o resultado da plataforma de consórcios foi a sua produtividade e rendimento.

CAPÍTULO 4

APRESENTAÇÃO E INTERPRETAÇÃO DOS DADOS

Introdução

Para responder às questões de investigação já colocadas no primeiro capítulo do estudo, este capítulo apresenta e analisa os principais itens do questionário. Começando com a informação demográfica pessoal e empresarial/económica dos pequenos agricultores, foi utilizada a análise descritiva para apresentar a informação demográfica dos inquiridos, desde o rendimento médio mensal, os anos de envolvimento na cultura do arroz, a fonte de trabalho, a formação académica, o estado civil, a idade, entre outros. Isto é particularmente necessário para compreender o calibre das pessoas selecionadas para o estudo e a pertinência de o fazer. Também considerámos a dimensão da família destes pequenos agricultores, a associação de agricultores a que pertencem, bem como a dimensão da terra que cultivam para avaliar a sua produção.

4.1 Informação demográfica dos inquiridos e informação demográfica económica/empresarial

Como já foi referido, é sempre importante apresentar a informação demográfica dos inquiridos antes de passar à análise principal. Assim, com base nos questionários devolvidos, codificados e introduzidos no SPSS, apresentam-se na Tabela 4.1 as caraterísticas pessoais dos inquiridos.

A distribuição na Tabela 4.1 abaixo descreve as categorias de pequenos agricultores envolvidos no inquérito e a essência é garantir que os inquiridos mais adequados foram selecionados para o estudo.

Género

A população masculina excedeu a feminina, a população dos inquiridos do sexo masculino foi de 191 (55,5%), enquanto a sua contraparte feminina foi de 153 (44,5%). De certa forma, isto tem a ver com o facto de o sistema de posse de terra praticado ser patriarcal e favorecer mais os homens do que as mulheres.

Idade

Uma análise rápida da Tabela 4.1 mostra que os inquiridos com 18-30, 31-40 e 41-50 anos de idade eram 5,2%, 14,5% e 46,2%, respetivamente (coletivamente, 65,9%). Os restantes 34,1% são inquiridos com 51-60 e mais de 61 anos de idade. Isto é bastante instrutivo no sentido em que a maioria dos agricultores se situa entre o que poderia ser considerado como meia-idade, com 46% dos inquiridos entre os 41 e os 50 anos, enquanto apenas 5,2% têm entre 18 e 30 anos, o que mostra claramente que apenas cerca de 20% dos agricultores ainda estão na sua idade jovem, o que implica que o futuro da agricultura nessa área não é certo, a menos que mais jovens sejam encorajados a entrar na agricultura.

Nível de escolaridade

Consequentemente, 2,9%, 2,3% e 81,7% dos inquiridos não têm qualquer educação formal, educação corânica e educação primária, respetivamente; dois deles têm educação secundária e educação terciária, respetivamente. Esta distribuição mostra que 0,6% dos inquiridos possuem um nível de educação adequado, pelo que apenas 0,6% possuem o ensino superior.

Estado civil

Além disso, 4,9%, 3,8% e 76,5% dos inquiridos eram solteiros, co-habitantes e casados; enquanto 6,4%, 1,7% e 7,0% eram separados, divorciados e viúvos. Observou-se que a maioria destes pequenos agricultores é casada, com a frequência mais elevada de 263. O número de jovens envolvidos na cultura do arroz é baixo, pelo que não se encontram muitos solteiros entre os inquiridos.

Tabela 4.1: Dados demográficos dos inquiridos

Gender (%)		Age (%)		Education Q.(%)		Marital Status (%)	
Male	191 (55.5)	18-30	18 (5.2)	No Formal Education	10 (2.9)	Single	16 (4.7)
Female	153 (44.5)	31-40	50 (14.5)	Quranic Education	8 (2.3)	Co-habiting	13 (3.8)
		41-50	159 (46.2)	Primary Education	281 (81.7)	Married	263 (76.5)
		51- 60	88 (25.6)	Junior Secondary Education	41 (11.9)	Separated	22 (6.4)
		Above 61	29 (8.4)	Senior Secondary Education	2 (0.6)	Divorced	6 (1.7)
				Tertiary Education	2 (0.6)	Widowed	24 (7.0)

Source: Field Survey 2018

Informação demográfica económica/empresarial

Depois de avaliar os níveis de educação do inquirido, bem como o seu estado civil e sexo, o próximo passo a demonstrar nesta secção é determinar as caraterísticas económicas/empresariais dos inquiridos para saber até que ponto os inquiridos estão a progredir desde o seu envolvimento na plataforma do consórcio de arroz.

Tamanho da família

O quadro 4.2 abaixo mostra que, em média, os inquiridos têm uma família de 9 a 10 pessoas.

Rendimento mensal

A maioria deles não ganha mais do que 21 - 40 USD por mês (22.045Tsh- 89.800Tsh).

Dimensão das terras agrícolas

46,8% deles cultivam entre 1-2 acres, enquanto apenas 5,2% cultivam entre 4-5 acres.

Fonte de trabalho

A distribuição mostra que a fonte de trabalho da maioria dos inquiridos é um membro da família, com 58,7%, e 37,2% recorreram a mão de obra contratada, enquanto 4,1% deles utilizaram o esforço comunitário e outros meios. Isto significa que as famílias da maior parte dos produtores de arroz dão as mãos coletivamente no cultivo da terra e na produção de produtos agrícolas.

Origem das terras agrícolas

Por último, 57,6% dos inquiridos são proprietários das suas terras, 32,6% herdaram-nas, 7,8% pediram emprestado, 1,2% são proprietários por arrendamento e 0,9% possuem terras em conjunto. Isto indica que o sistema de posse de terra que está a ser praticado no distrito de Sengerema, Mwanza, Tanzânia, favorece os agricultores, o que promoverá o crescimento sustentável dos rendimentos e a segurança alimentar dos produtores de arroz, bem como da Tanzânia no seu todo.

Quadro 4.2: Dados económicos/empresariais dos inquiridos

Family Size (%)		Monthly Income (%)		Size of Farmland		Source of Labour		Source of Farmland (%)	
1-5 People	61 (17.7)	< 20 USD	29 (8.4)	< 1 Acre	39 (11.3)	Family members	202 (58.7)	Self-owned	198 (57.6)
6-8 People	116 (33.7)	21 USD-40 USD	285 (82.8)	1-2 Acres	161 (46.8)	Communal effort	13 (3.8)	Inherited	112 (32.6)
9-10 People	99 (28.8)	41 USD-60 USD	21 (6.1)	2-3 Acres	75 (21.8)	Hired	128 (37.2)	Borrowed	27 (7.8)
Above 11	68 (19.8)	61 USD-80 USD	9 (2.6)	3-4 Acres	51 (14.8)	Others	1 (0.3)	Lease	4 (1.2)
				4-5 Acres	18 (5.2)			Joint ownership	3 (0.9)

Fonte: Inquérito de campo 2018

A figura 4.1 abaixo também mostra que 99% dos inquiridos pertencem a uma associação de agricultores.

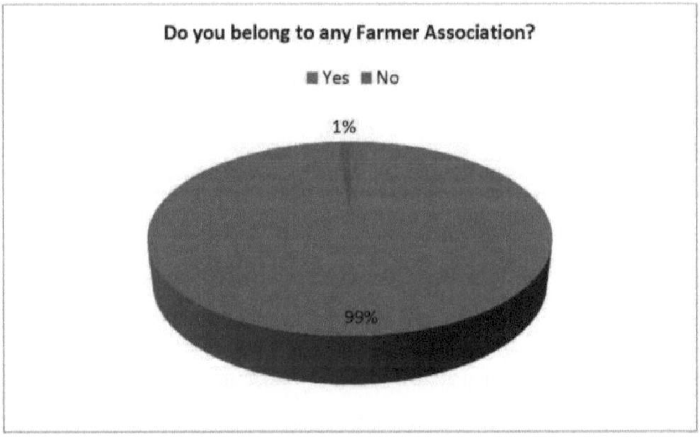

Figura 4.1 Mostrando membros da Associação de Agricultores Fonte: Inquérito de Campo 2018

4.1.3 Tabulação cruzada entre as caraterísticas pessoais e empresariais dos pequenos produtores de arroz. O objetivo é descobrir os factos ocultos e se existe alguma relação cruzada entre estas caraterísticas.

Figura 4.2 revela uma correlação entre o tamanho da família e a produção, uma vez que a maioria dos inquiridos que cultivam mais de 5 acres têm entre 9-10 pessoas a viver no seu agregado familiar.

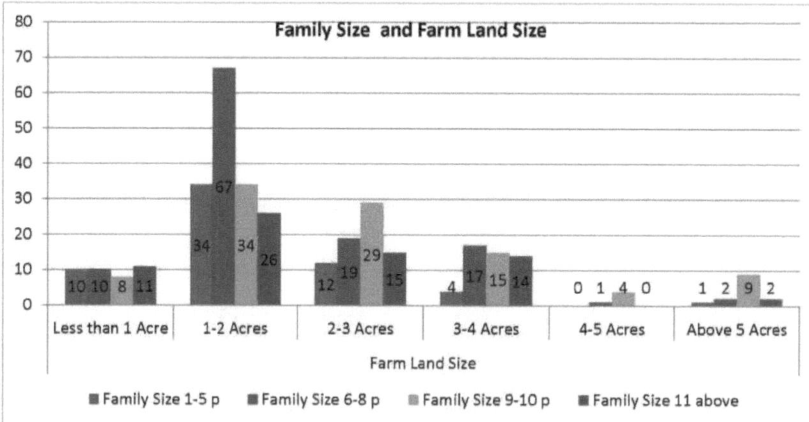

Figura 4.2: Mostrando a tabela cruzada entre o tamanho da família e o tamanho da terra agrícola Fonte: Inquérito de campo 2018

A figura 4.3 revela que os inquiridos do sexo masculino cultivam obviamente mais do que as inquiridas do sexo feminino

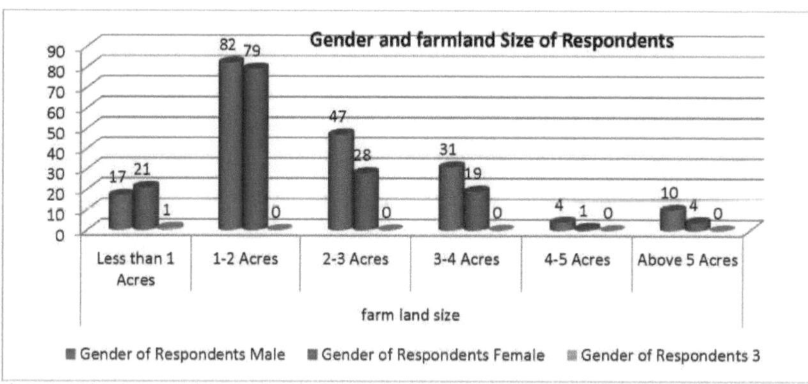

Figura 4.3: Mostrando a tabela cruzada entre género e tamanho da terra agrícola Fonte: Inquérito de campo 2018

A Figura 4.4 mostra que os inquiridos que cultivam um maior número de hectares utilizam mão de obra contratada, enquanto as pessoas que utilizam apenas mão de obra familiar cultivam menos.

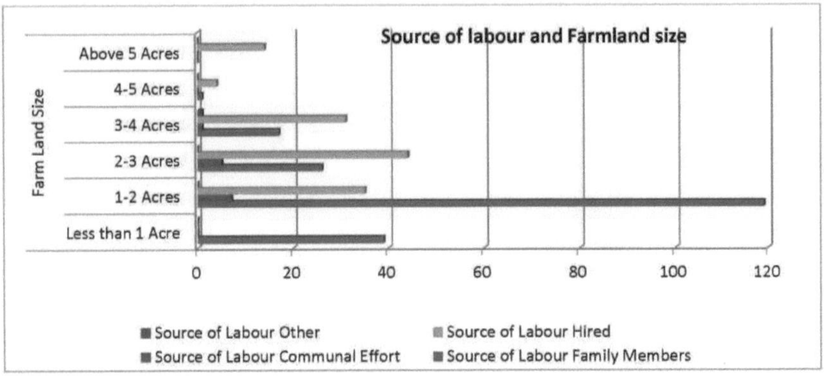

Figura 4.4: Mostrando a tabela cruzada entre a fonte de trabalho e o tamanho da terra agrícola Fonte: Inquérito de campo 2018

A figura 4.5 revela que o nível de educação não tem nada a ver com a produção, a maioria das pessoas que cultivam 4 acres ou mais não têm sequer mais do que o ensino primário.

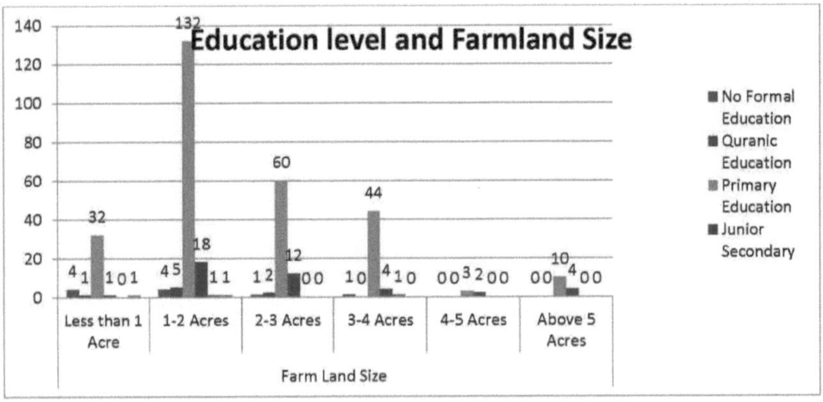

Figura 4.5: Mostrando a tabela cruzada entre qualificação educacional e tamanho da terra agrícola Fonte: Inquérito de campo 2018

Figura 4.6 indicam que a maioria dos inquiridos (46,8%) não cultiva mais de 2 acres, o que implica que os inquiridos são de facto pequenos agricultores.

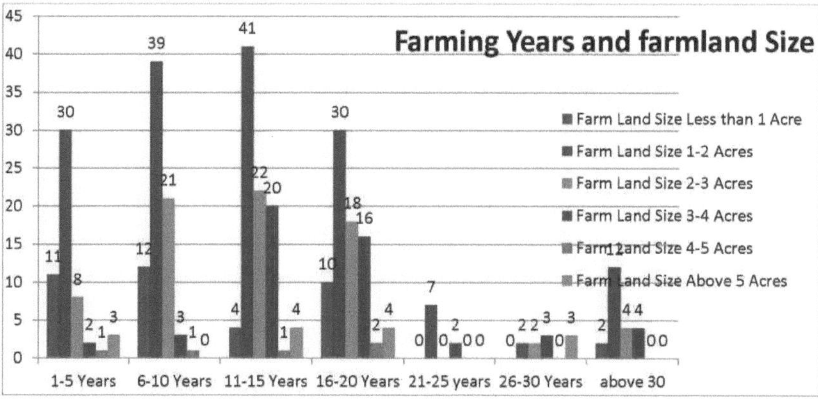

Figura 4.6: Mostrando a tabela cruzada entre anos de cultivo e tamanho da terra agrícola Fonte: Inquérito de campo 2018

O resultado da Figura 4.7 nega o pressuposto de que aqueles que não combinam outros negócios com o cultivo de arroz teriam mais tempo e concentração para cultivar mais, uma vez que os inquiridos com outra(s) fonte(s) de rendimento cultivam mais do que aqueles sem outra fonte de rendimento.

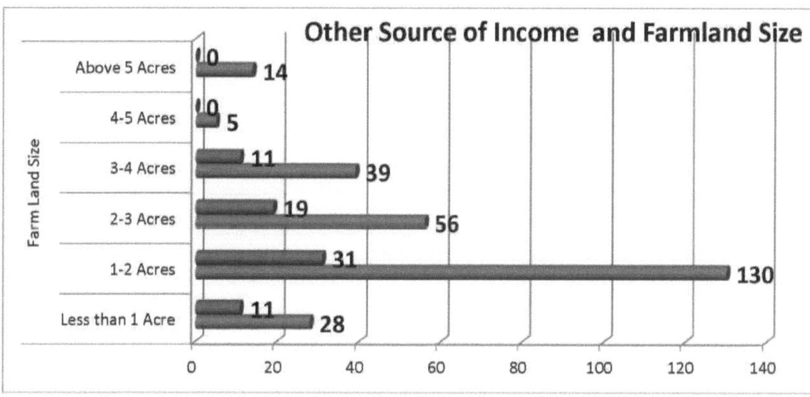

Figura 4.7 Mostrando a tabela cruzada entre outra fonte de renda e o tamanho da propriedade agrícola Fonte: Inquérito de campo 2018

4.2 Benefícios da plataforma de consórcios para os produtores de arroz

A Tabela 4.3 revela que a maioria dos pequenos agricultores produtores carece de apoio que possa ajudá-los nas actividades agrícolas e melhorar o seu acesso ao mercado antes de aderir à plataforma do consórcio de arroz. Os pequenos produtores têm pouco ou nenhum acesso a benefícios como; assistência financeira, fornecimento de insumos, informações de mercado, treinamento, serviços de extensão entre outros.

A propagação revela que 41,6% e 58,6% dos inquiridos têm um acesso algo difícil ou nenhum acesso à *assistência financeira*. No entanto, 27,6% e 54,1% deles admitiram que, a sua associação com o paddy a plataforma do consórcio proporciona-lhes *assistência financeira* muito fácil e fácil, com muito poucos entre eles ainda achando um pouco difícil ou não tendo acesso a nada (coletivamente, 18,3%). Do mesmo modo, 66,0% e 34,0% dos inquiridos têm um acesso algo difícil ou nulo ao *abastecimento de factores de produção*, e 51,2% e 48,3% deles admitiram que a sua indução à plataforma de consórcios lhes proporciona um acesso muito fácil e fácil ao *abastecimento de factores de produção*.44,2% e 55,8% dos inquiridos têm um acesso algo difícil ou nulo à *informação sobre o mercado*, enquanto 47,7% e 51,1% deles admitiram que a sua indução à plataforma de consórcios lhes proporciona um acesso muito fácil e fácil à *informação sobre o mercado*.23.5% e 53,8% dos inquiridos reconheceram que têm acesso a *formação* antes da sua admissão na plataforma de consórcio, enquanto muito poucos admitiram um acesso algo difícil ou nenhum acesso a *formação* antes da sua admissão na plataforma. Além disso, a plataforma de consórcio de arroz melhorou o nível do seu acesso à *formação* para cerca de 22,1%, tendo a maioria deles agora acesso a *formação* exclusiva (coletivamente, 99,4%).

O quadro revela igualmente o acesso aos serviços de extensão: 20,9% e 72,1% dos inquiridos têm um acesso muito fácil e fácil aos *serviços de extensão*, sendo muito poucos os que consideram um pouco difícil ter acesso a esses serviços antes da sua admissão na plataforma dos consórcios. Entretanto, a plataforma melhorou o seu acesso aos *serviços de extensão* apenas para cerca de 6,7%. Concluindo, 66,0% e 43,3% dos inquiridos têm alguma dificuldade e nenhum acesso a *outras* coisas que não foram captadas no inquérito, enquanto 43,0% e 55,5% deles admitiram que o seu envolvimento na plataforma de consórcios lhes permite um acesso muito fácil e fácil a essas *outras* coisas. Isto implica que o governo da Tanzânia está a trabalhar arduamente na prestação de serviços de formação e extensão aos seus agricultores, o que é uma ideia louvável.

Tabela 4.3: Apoios aos produtores de arroz através da plataforma

Benefits Category (Before (%))		Benefits Category(After (%))	
Financial Assistance		*Financial Assistance*	
Somewhat difficult	143 (41.6)	Very Easy	95 (27.6)
No Access	201 (58.6)	Easy	186 (54.1)
		Somewhat difficult	27 (7.8)
		No Access	36 (10.5)
Input Supply		*Input Supply*	
Somewhat difficult	227 (66.0)	Very Easy	176 (51.2)
No Access	117 (34.0)	Easy	166 (48.3)
		Somewhat difficult	2 (0.6)
Market Information		*Market Information*	
Somewhat difficult	152 (44.2)	Very Easy	164 (47.7)
No Access	192 (55.8)	Easy	177 (51.5)
		Somewhat difficult	3 (0.9)
Training		*Training*	
Very Easy	81 (23.5)	Very Easy	180 (52.3)
Easy	185 (53.8)	Easy	162 (47.1)
Somewhat difficult	56 (16.3)	Somewhat difficult	2 (0.6)
No Access	22 (6.4)		
Extension Services		*Extension Services*	
Very Easy	72 (20.9)	Very Easy	190 (55.2)
Easy	248 (72.1)	Easy	153 (44.5)
Somewhat difficult	24 (7.0)	Somewhat difficult	1 (0.3)
Others		*Others*	
Very Easy	2 (0.6)	Very Easy	148 (43.0)
Easy	193 (56.1)	Easy	191 (55.5)
Somewhat difficult	149 (43.3)	Somewhat difficult	5 (1.5)

Fonte: Inquérito de campo 2018

A figura 8 revela o nível de satisfação obtido pelos produtores de arroz como resultado do apoio da plataforma de consórcio. No entanto, 40,7%, 58,4% e 0,9% dos inquiridos reconheceram que a pontualidade dos apoios derivados da plataforma do consórcio como muito satisfatória, satisfatória e justa. 58,4%, 41,3% e 0,3% dos inquiridos reconheceram que a frequência dos apoios decorrentes do facto de ser membro da plataforma de consórcios é muito satisfatória, satisfatória e razoável. Além disso, 47,7%, 52% e 0,3% dos inquiridos reconheceram o custo da eficácia dos apoios decorrentes da adesão à plataforma de consórcios como muito satisfatório, satisfatório e justo.

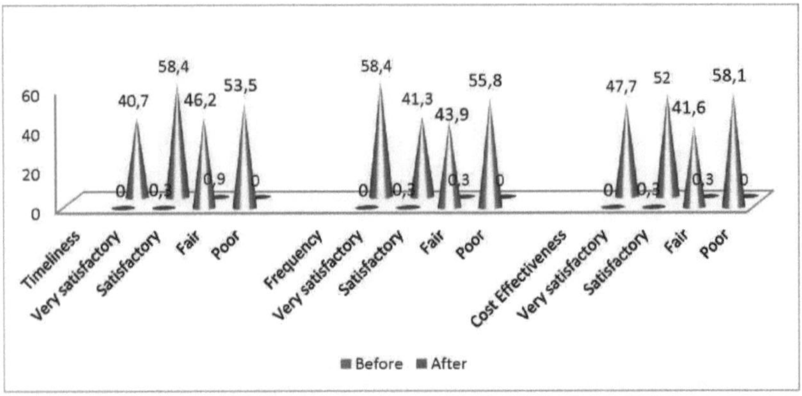

Figura 4.8: Nível de satisfação dos membros Plataforma de Consórcios do Paddy Fonte: Inquérito de campo 2018

4.3 Alteração da produtividade e melhoria do nível de vendas e da rendibilidade

A figura 4.9 abaixo mostra a mudança na produtividade que todos os pequenos produtores testemunharam desde o seu envolvimento na plataforma do consórcio, a figura 4.10 revela a adesão à associação dos produtores de arroz, enquanto a figura 4.11 mostra o seu nível de acesso ao mercado antes e depois de se tornarem membros da plataforma do consórcio. É digno de nota que todos eles testemunharam uma tremenda mudança no nível de produtividade (100,0%), 94,4% dos inquiridos eram membros da associação antes do seu envolvimento na plataforma de consórcios, todos eles tornaram-se membros da associação através da plataforma de consórcios de arroz. Neste contexto, foi revelado que os benefícios que são acessíveis aos membros da plataforma do consórcio atraíram o interesse dos pequenos produtores para se tornarem membros da associação de agricultores. No entanto, a figura 4.11 revela que todos estes pequenos produtores têm pouco acesso ao mercado (100,0%). Entretanto, o seu envolvimento na plataforma de consórcio proporcionou-lhes pleno acesso ao mercado para venderem os seus produtos agrícolas, tendo agora 100,0% de acesso ao mercado.

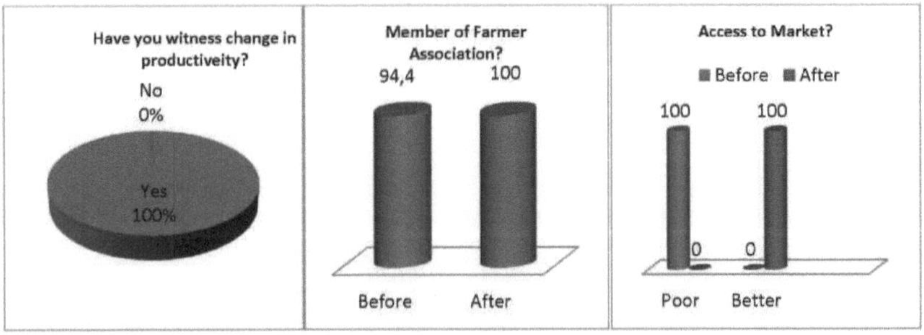

Figura 4.9, 4.10 e 4.11: Mostrando alguns benefícios obtidos pelo produtor de arroz com a Plataforma de Consórcios Fonte: Inquérito de Campo 2018

A Tabela 4.4 abaixo revela algumas das mudanças testemunhadas pelos pequenos produtores e suas experiências em termos de produtividade antes e depois de seu envolvimento na plataforma de consórcios de arroz, as mudanças que testemunharam variam de tamanho de terra agrícola, rendimento por acre, fonte de trabalho e renda média por temporada para propriedade agrícola. A propagação revela um aumento drástico no tamanho da terra cultivada por estes pequenos produtores após o seu envolvimento na plataforma do consórcio de arroz. Os inquiridos que cultivavam entre 2-5 acres e acima de 5 acres de terra cultivada eram cerca de 38,4% e 3%, o seu envolvimento na plataforma de consórcio aumentou o tamanho da terra cultivada para cerca de 62,6% e 7%, respetivamente. Os inquiridos que sofreram alterações no rendimento por hectare entre 1000-6000kg e 6000kg e mais eram cerca de 49,2% e 3%, o seu envolvimento na plataforma aumentou o nível de rendimento por hectare para cerca de 73,2% e 6,7%, respetivamente.

No entanto, a distribuição também revela a fonte de trabalho destes pequenos produtores, 68,9%, 15,4% e 15,4% deles reconheceram que a sua fonte de trabalho são membros da família, mão de obra contratada, família e mão de obra contratada. Entretanto, o seu envolvimento na plataforma libertou as suas famílias do trabalho (61,3%) e, ao mesmo tempo, deu-lhes a oportunidade de empregar mais mão de obra na exploração agrícola (18%), embora a mão de obra combinada da família e contratada tenha aumentado para 20,3%. O rendimento médio por estação dos inquiridos também sofreu alterações: 61,9% e 3,3% dos inquiridos registaram um rendimento entre 500 000 Tsh e 4 000 000 Tsh e entre 4 000 000 Tsh e cerca de 10 000 000 Tsh. 77,4% e 13,8% dos inquiridos registaram rendimentos entre 500.000tsh e 4.000.000tsh e entre 4.000.000tsh e mais de 10.000.000Tsh. Além disso, os inquiridos também experimentam melhores mudanças na propriedade da exploração agrícola; 86% deles reconheceram que herdaram a sua exploração agrícola, 13,7% eram proprietários de si próprios e 0,3% alugaram a sua exploração agrícola. O envolvimento na plataforma de consórcios de arroz trouxe uma mudança, uma vez que 90,4% deles herdaram agora a sua exploração agrícola, mas há uma diminuição da percentagem de propriedade própria para 9%, enquanto 0,3% deles alugaram e pediram emprestado a sua exploração agrícola, respetivamente.

Tabela 4.4: Alteração da produtividade dos produtores de arroz desde a sua participação na Plataforma

Benefits Category (Before (%))		Benefits Category (After (%))	
Size of Farm		*Size of Farm*	
1-2 Acres	202 (58.7)	1-2 Acres	105 (30.5)
2-3 Acres	83 (24.1)	2-3 Acres	134 (90.0)
3-4 Acres	44 (12.8)	3-4 Acres	44 (16.6)
4-5 Acres	5 (1.5)	4-5 Acres	24 (7.0)
5-6 Acres	3 (0.9)	5-6 Acres	11 (3.2)
6-7 Acres	4 (1.2)	6-7 Acres	3 (0.9)
Above 7 Acres	3 (0.9)	Above 7 Acres	10 (2.9)
Yield per Acre		*Yield per Acre*	
Less than 1000kg	165 (48.0)	1000-2000kg	69 (20.1)
1000-2000kg	98 (28.5)	2000-3000kg	129 (37.5)
2000-3000kg	53 (15.4)	3000-4000kg	82 (23.8)
3000-4000kg	12 (3.5)	4000-5000kg	28 (8.1)
4000-5000kg	3 (0.9)	5000-6000kg	13 (3.8)
5000-6000kg	3 (0.9)	6000-7000kg	7 (2.0)
6000-7000kg	5 (1.5)	7000-8000kg	7 (2.0)
7000-8000kg	2 (0.6)	8000-9000kg	3 (0.9)
8000-9000kg	2 (0.6)	90000-10000kg	2 (0.6)
90000-10000kg	1 (0.3)	Above 10000kg	4 (1.2)
Source of Labour		*Source of Labour*	
Family	237 (68.9)	Family	211 (61.3)
Hired	53 (15.4)	Hired	62 (18.0)
Family & Hired	53 (15.4)	Family & Hired	70 (20.3)
Communal Effort	1 (0.3)	Communal Effort	1 (0.3)
Average Income per Season		*Average Income per Season*	
Less than 500,000 tsh	120 (34.9)	Less than 500,000 tsh	31 (0.9)
500,000 -1,000,000 tsh	119 (34.6)	500,000-1,000,000 tsh	86 (25.0)
1,000,000-2,000,000 tsh	53 (15.4)	1,000,000-2,000,000 tsh	76 (22.1)
2,000,000-3,000,000 tsh	32 (9.3)	2,000,000-3,000,000 tsh	67 (19.5)
3,000,000-4,000,000 tsh	9 (2.6)	3,000,000-4,000,000 tsh	37 (10.8)
4,000,000-5,000,000 tsh	1 (0.3)	4,000,000-5,000,000 tsh	15 (4.4)
5,000,000-6,000,000 tsh	4 (1.2)	5,000,000-6,000,000 tsh	13 (3.8)
6,000,000-7,000,000 tsh	4 (1.2)	6,000,000-7,000,000 tsh	3 (0.9)
9,000,000-10,000,000 tsh	2 (0.6)	7,000,000-8,000,000 tsh	1 (0.3)
		8,000,000-9,000,000 tsh	2 (0.9)
		9,000,000-10,000,000 tsh	13 (0.3)
Farm Ownership		*Farm Ownership*	
Inherited	296 (86.0)	Inherited	311 (90.4)
Self-owned	47 (13.7)	Self-owned	31 (9.0)
Hired	1 (0.3)	Hired	1 (0.3)
			1 (0.3)
Others		*Others*	
Very Easy	2 (0.6)	Very Easy	148 (43.0)
Easy	193 (56.1)	Easy	191 (55.5)
Somewhat difficult	149 (43.3)	Somewhat difficult	5 (1.5)

Fonte: Inquérito de campo 2018

Melhoria do nível de vendas e da rendibilidade

As figuras 4.12 e 4.13 abaixo revelam a melhoria das vendas e da rentabilidade que os pequenos produtores testemunharam antes e depois do seu envolvimento na plataforma de consórcios, a figura 4.12 revela uma melhoria nas vendas e no lucro, enquanto a figura 4.13 mostra as suas outras áreas de melhoria, tais como o lucro líquido, a satisfação do cliente, o rendimento em espécie, a procura do mercado, a economia de escala e outros aspectos que não foram captados no inquérito. Todos eles testemunharam uma tremenda mudança no nível de vendas e lucros (99,7,0%). No entanto, 0,3%, 66,9% e 32,8% dos inquiridos reconheceram que *o* seu *lucro líquido* melhorou, melhorou pouco e não melhorou. O envolvimento na plataforma do consórcio trouxe alterações a esta situação: 31,1%, 67,7% e 1,2% reconheceram que melhorou muito, melhorou e melhorou pouco. 0,3%, 0,3%, 52,3% e 47,1% dos inquiridos reconheceram que *a satisfação dos* seus *clientes* melhorou muito, melhorou, melhorou pouco e não melhorou; o seu envolvimento na plataforma de consórcio também contribuiu para essa mudança, 45,3%, 54,4% e 0,3% reconheceram que melhorou muito, melhorou e melhorou pouco.

Além disso, 0,3%, 50,3% e 49,4% dos inquiridos reconheceram que *o* seu *rendimento em espécie* melhorou, melhorou pouco e não melhorou; enquanto a sua participação na plataforma de consórcios trouxe mudanças neste aspeto, 46,2%, 53,5% e 0,3% reconheceram que melhorou muito, melhorou e melhorou pouco. 0,3%, 49,7% e 50% dos inquiridos reconheceram que *a* sua *procura no mercado* melhorou, melhorou pouco e não melhorou; enquanto o seu envolvimento na plataforma de consórcios contribuiu para essa mudança, 45,6% e 54,4% dos inquiridos reconheceram que melhorou muito e melhorou. 0,3%, 50% e 49,7% dos inquiridos reconheceram que a sua *economia de escala* melhorou, melhorou pouco e não melhorou; enquanto o seu envolvimento na plataforma de consórcios trouxe mudanças a este respeito, 48,8%, 50,6% e 0,6% dos inquiridos reconheceram que melhorou muito, melhorou e melhorou pouco. Por último, 0,3%, 49,7% e 50% dos inquiridos reconheceram melhorias noutros aspectos relacionados com as vendas e a rentabilidade, que não foram captados no inquérito, como melhorou, melhorou pouco e não melhorou. A sua participação na plataforma de consórcios provocou as mudanças registadas, 40,4% e 59,6% reconheceram ter melhorado muito e melhorado.

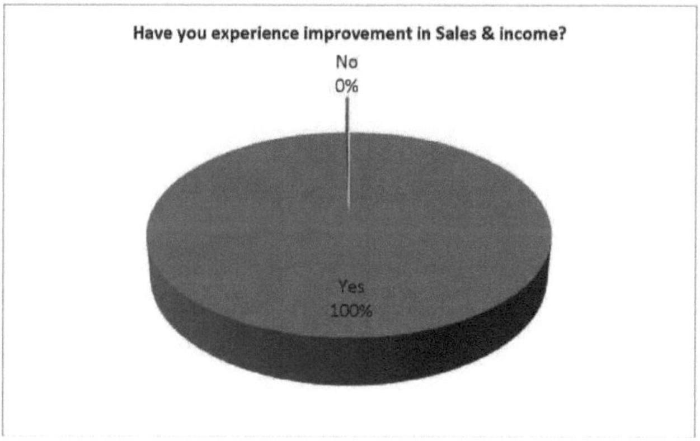

Figura 4.12: Mostrando melhoria nas vendas e na renda Fonte: Inquérito de Campo 2018

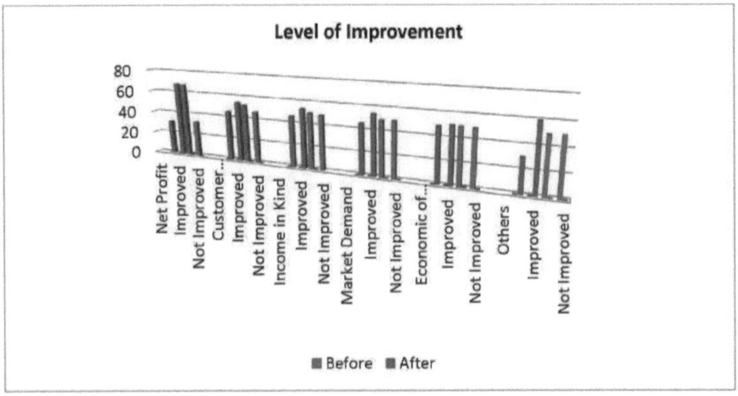

Figura 4.13: Melhoria da rendibilidade

Fonte: Inquérito de campo 2018

4.4 Desafios enfrentados pelos produtores de arroz no seu envolvimento na Plataforma de Consórcio

Esta secção discutiu alguns dos desafios enfrentados pelos produtores de arroz antes e depois do seu envolvimento na plataforma do consórcio. A Figura 4.14 abaixo mostra que todos os pequenos produtores enfrentaram um ou outro desafio (100%). A Tabela 4.5 abaixo revelou esses desafios como; finanças, acesso ao mercado de produtos, acesso ao mercado de insumos, apoio técnico e instalações de armazenamento, entre outros. No entanto, 49,7% e 50,3% dos inquiridos reconheceram desafios graves e ligeiros no seu financiamento; enquanto o seu envolvimento na plataforma de consórcios trouxe mudanças a este respeito, 0,6%, 0,3%, 62,5%, e 36,6% reconheceram desafios graves, ligeiros, não graves e nenhum desafio.68% e 32% dos inquiridos reconheceram desafios graves e ligeiros no seu acesso ao mercado de produtos; enquanto o seu envolvimento na plataforma de consórcios trouxe mudanças a este respeito, 0,3%, 43,9%, e 58,8% reconheceram desafios ligeiros, não graves e nenhum desafio.

Além disso, 59%, 40,7% e 0,3% dos inquiridos reconheceram a existência de desafios *graves, ligeiros* e *nada graves* no seu acesso ao mercado dos factores de produção; enquanto o seu envolvimento na plataforma de consórcio trouxe alterações a esta situação, 0,3%, 0,9%, 45,9% e 52,9% reconheceram a existência de desafios graves, ligeiros, nada graves e nada de desafios. 29.9%, 45.9%. 17,4% e 6,7% dos inquiridos reconheceram desafios graves e ligeiros, nada graves e nenhum desafio no seu apoio técnico, enquanto o seu envolvimento na plataforma do consórcio trouxe mudanças a este respeito. 2,0%, 44,9% e 53,2% dos inquiridos reconheceram desafios ligeiros, nada graves e nenhum desafio. 53,2%, 45,3% e 1,5% dos inquiridos reconheceram desafios graves e ligeiros e não graves nas suas instalações de armazenamento, enquanto o seu envolvimento na plataforma de consórcio trouxe mudanças a este respeito. 14,5%, 50,3%, 23% e 12,2% dos inquiridos reconheceram a existência de desafios graves, ligeiros, nada graves e nenhum desafio. Por último, 43%, 55,8%, 0,9% e 0,3% dos inquiridos reconheceram a existência de desafios graves e ligeiros, não graves e não problemáticos noutras questões problemáticas que não foram captadas no inquérito, enquanto o seu envolvimento na plataforma de consórcios trouxe mudanças a este respeito, 54,4% e 46,6% reconheceram não ser grave e não problemático.

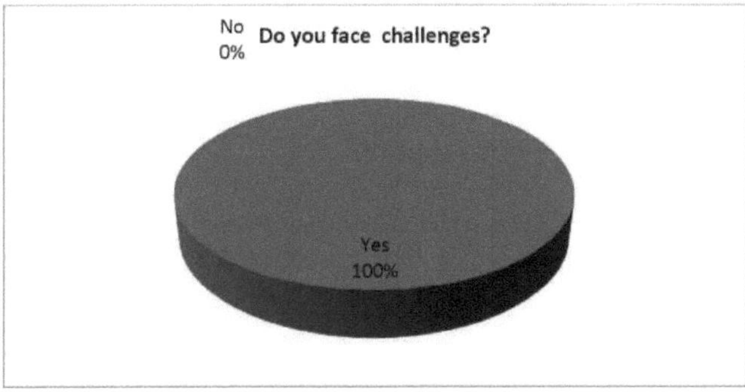

Figura 4.15: Mostrando todos os desafios enfrentados pelos agricultores de arroz Fonte: Inquérito de campo 2018

Tabela 4.5: Desafios particulares enfrentados pelos produtores de arroz

Benefits Category (Before (%))		Benefits Category (After (%))	
Finance		*Finance*	
Severe	171 (49.7)	Severe	2 (0.6)
Mild	173 (50.3)	Mild	1 (0.3)
		Not Severe	215 (62.5)
		Not a challenge	126 (36.6)
Access to Produce Market		*Access to Produce Market*	
Severe	234 (68.0)	Severe	1(0.3)
Mild	110 (32.0)	Mild	151 (43.9)
		Not Severe	192 (55.8)
Access to Input Market		*Access to Input Market*	
Severe	203 (59.0)	Severe	1(0.3)
Mild	140 (40.7)	Mild	3 (0.9)
Not Severe	1 (0.3)	Not Severe	158 (45.9)
Technical Support		*Technical Support*	
Severe	103 (59.0)	Mild	7(2.0)
Mild	158 (40.7)	Not Severe	154 (44.9)
Not Severe	1 (0.3)	Not a challenge	183 (53.2)
Not a challenge	23 (6.7)		
Storage Facility		*Storage Facility*	
Severe	183 (53.2)	Severe	50 (14.5)
Mild	156 (45.3)	Mild	173 (50.3)
Not Severe	5 (1.5)	Not Severe	79 (23.6)
		Not a challenge	42 (12.2)
Others		*Others*	
Severe	148 (43.0)	Not Severe	187 (54.4)
Mild	192 (55.8)	Not a challenge	157 (45.6)
Not Severe	3 (0.9)		
Not a challenge	1 (0.3)		

Fonte: Inquérito de campo 2018

4.5 Como os pequenos agricultores percebem e se envolvem com outras partes interessadas na plataforma de consórcios

Para responder a este objetivo específico, foram recolhidos dados qualitativos através de entrevistas a informadores-chave (KII) e de discussões em grupos de discussão (FGD) com os chefes dos grupos de pequenos agricultores (presidente e secretário), chefes da Sociedade Cooperativa de Comercialização Agrícola (AMCOS) de cada um dos três departamentos (Comercialização, Insumos e Finanças), chefes dos Prestadores de Serviços, entre outros. Os resultados foram os seguintes;

O programa terá começado em 2015, com os prestadores de serviços das empresas de desenvolvimento do agronegócio a mobilizarem os agricultores em grupos. Foi preparada uma constituição para orientar as actividades dos membros desde os níveis regionais até ao nível distrital. Todas as partes interessadas na plataforma têm a mesma importância e obtêm os mesmos benefícios. Para ter acesso aos benefícios da plataforma, é preciso ser agricultor no distrito de Sengerema e um membro que paga regularmente as suas quotas, participa nas reuniões e obedece às regras e regulamentos da plataforma. Há sempre reuniões e planeamento entre os membros antes da época de plantação.

Existe um princípio de comercialização colectiva que funciona entre os agricultores, pelo que não se espera que nenhum agricultor venda os seus produtos sozinho ou sem os trazer para o armazém. Esta prática assegura a comercialização colectiva e o acesso ao mercado, dando-lhes conhecimento dos administradores. Os agricultores da plataforma têm acesso a informações sobre o mercado fornecidas pelos extensionistas. Existe um sistema de recibo de armazém em que há uma direção responsável pelo armazém com segurança adequada. De acordo com estas pessoas, o mercado local é imprevisível e não está regulamentado, pelo que os seus produtos são reunidos através do sistema de recibos de armazém para serem enviados para o mercado internacional.

Esta prática melhorou as microempresas e a expansão do mercado. A cadeia de valor do arroz tem componentes que ligam outros produtos que dão origem a outras actividades comerciais. O sistema oferece mais vantagens em termos de mecanismo de ligação e de reforço das capacidades dos grupos de pequenos agricultores. Isto torna os agricultores mais informados no domínio das melhores práticas agrícolas e da gestão dos solos. Melhorou o envolvimento dos jovens noutras áreas, como as actividades pós-colheita, como o negócio dos transportes e o fornecimento de alimentos. Os agricultores beneficiam do apoio do governo em termos de boas políticas, regulamentos e infra-estruturas, com os seus parceiros de desenvolvimento como o Banco Africano de Desenvolvimento, o FIDA, o MIVARF, os institutos de investigação, etc. De acordo com os agricultores, as expectativas dos membros são satisfeitas até 80%. Foi observado durante a visita à quinta que as pessoas têm as suas terras agrícolas juntas, apesar de existirem demarcações; isto irá promover a unidade, a fraternidade, o espírito de equipa e a vida em comunidade.

4.6 Factores críticos para a sustentabilidade do modelo de estrutura/parceria da plataforma Paddy Consortia.

Os resultados basearam-se em dados recolhidos através de KII, FGD com prestadores de serviços, chefes de instituições financeiras, chefes de operações da plataforma do consórcio, peritos em agro-negócio e marketing, etc., muitos dos quais foram interceptados durante um workshop de partes interessadas que teve lugar em Mwanza durante o estudo.

De acordo com o Sr. Muhoni Leonard, um perito em agro-negócio e marketing do MIVARF, a essência do seminário das partes interessadas era garantir que todas as partes envolvidas na cadeia de valor agrícola em todo o país estivessem bem ligadas entre si, estabelecidas para uma operação mútua sustentável, mesmo muito depois de os parceiros estrangeiros terem saído do programa, Trata-se de um seminário para as partes interessadas, que é mais ou menos como um seminário de orientação, na sequência do prolongamento do programa por dois anos, que normalmente terminava em dezembro do ano passado, pelo que reunimos todas as partes interessadas para discutir o caminho a seguir em termos de orientação sobre a forma de implementar o programa até ao fim. Estas partes interessadas incluem funcionários das Autoridades Governamentais Locais, agências de implementação, Prestadores de Serviços, empresas privadas que estão a levar a capacitação aos pequenos produtores, temos também funcionários dos escritórios regionais, aqueles que estão a lidar com as questões das cooperativas, estão todos aqui representados. Temos representantes das instituições financeiras que também são parceiros no programa".

Plate 9. Stakeholders workshop at Nyakahoja conference centre, Nwanza.

Plate 10. KII with Mr Samuel Muganga (MAZAO Group)

Falando sobre a abordagem que está a ser utilizada para alcançar resultados, Muhoni disse: "Atualmente, estamos a analisar a abordagem de consórcio. Esta abordagem de consórcio é mais uma plataforma de negociação em que temos compradores ou potenciais compradores que não têm a certeza de onde obter o produto, tomemos o arroz como exemplo, temos compradores e transformadores que negoceiam em grande escala e que têm dificuldade em obter as suas matérias-primas, por outro lado, temos os pequenos produtores que têm dificuldade em compreender o que é o mercado, o programa é um ideal para ter uma plataforma onde os parceiros nesta cadeia de valor se reúnem, os vendedores de factores de produção agrícola, os prestadores de serviços financeiros e os compradores, todos se reúnem para negociar, qualquer que seja a fraqueza de qualquer dos grupos no seu enclave, por exemplo, os grupos de pequenos agricultores que estão organizados sob a Sociedade Cooperativa de Comercialização Agrícola, AMCOS ou SACOS, apresentam as suas necessidades aos compradores ao nível da plataforma". Também referiu que, normalmente, realizam trimestralmente um seminário semelhante, onde se reúnem com várias partes interessadas para fazer uma análise das suas actividades e verificar se estão a atingir os objectivos estabelecidos. Isto é para garantir um plano de sustentabilidade.

Outro prestador de serviços, do distrito de Sengerema, que facilita a ligação dos agricultores ao mercado através do modelo de consórcio, o Sr. James Wembe, também explicou a abordagem do consórcio como uma plataforma através da qual as empresas líderes, os grandes compradores, planeiam antecipadamente com os agricultores o montante necessário com base nas especificações do mercado em termos de quantidade, qualidade e frequência, bem como o modo de entrega. Planeiam em conjunto com base nas necessidades do mercado e, em seguida, os agricultores começam a produzir para satisfazer as necessidades do mercado, ao contrário da forma tradicional em que os agricultores produzem sem especificações do mercado, mas com base neste modelo de consórcio, o plano começa com o mercado, tanto os agricultores como o comprador dialogam através daquilo a que chamamos reunião pré-sazonal e descobrem as necessidades do mercado, ou seja, o mercado de produtos agrícolas, o mercado de produtos agrícolas que permitirá aos agricultores conhecer os insumos agrícolas necessários, talvez fertilizantes, sementes melhoradas. A quantidade e a variedade exigidas pelo comprador antecipadamente com base na especificação do mercado, depois os requisitos financeiros e como ligá-los ao mercado financeiro. Assim, estas coisas estão interligadas, funcionam de forma colaborativa e, através do modelo de consórcio, que é uma reunião de colaboração empresarial, todas as partes interessadas se reúnem para tirar partido da oportunidade de negócio".

Ele afirmou ainda que, antes da introdução da abordagem, tradicionalmente, as pessoas estavam a lutar para melhorar a produtividade, mas através da abordagem do consórcio, os desafios enfrentados pelos agricultores no mercado, incluindo armazenamento, transporte e assim por diante, são resolvidos. "As exigências do mercado determinam o padrão de produção, quanto o comprador vai precisar das instituições financeiras e as instituições financeiras passam a fazer parte do modelo, porque se trata de um negócio para todos, o que é diferente da forma tradicional em que os agricultores estavam no centro, mas aqui o mercado está no centro de tudo. O modelo, de acordo com o Sr. James, reduz os custos para todas as partes interessadas, os agricultores, os compradores, os fornecedores de factores de produção, as instituições financeiras e assim por diante, em vez de se deslocarem para se encontrarem individualmente, o que acarreta mais custos em termos de despesas gerais, estes são reduzidos porque o modelo de consórcio reúne toda a gente".
Como plano de sustentabilidade, explicou que a reunião periódica lhes deu a oportunidade de traçar o perfil

de todas as potenciais partes interessadas, os compradores, os AMCOS, os fornecedores de insumos nas suas áreas, quem e quem está a fazer o quê, quais são os desafios, como podem trabalhar em conjunto, que assistência é necessária, se precisam de reforço de capacidades, que papel desempenhará o governo, etc.

Ainda em relação à sustentabilidade, de acordo com Wembe, existe um acordo contratual entre os produtores e os compradores, uma vez que normalmente assinam um memorando de entendimento, assim como entre os agricultores e as instituições financeiras, entre os agricultores e os fornecedores de factores de produção. Outra forma de controlo é a comercialização colectiva: ninguém vende fora do consórcio. Quando os produtos chegam após a colheita, a AMCOS assegura o reembolso do empréstimo obtido junto das instituições financeiras, todos os pagamentos passam pela conta e as deduções são feitas diretamente antes de os agricultores receberem o seu saldo. Em caso de incumprimento, a medida adoptada para a recuperação é o seguro, não só para os incumprimentos, mas também se alguma coisa correr mal numa determinada época de plantação. O governo é também um organismo regulador. Os agricultores que vendem os seus produtos agrícolas sem os levarem para o armazém enfrentam sanções graves.

O Sr. Samuel Muganga, chefe de uma empresa líder (AMIS MAZAO Group) com sede em Shiyanga, disse também que existem supermercados e exposições anuais em todas as zonas onde os compradores vêm para comprar e exposições zonais de extensão agrícola. O governo funciona como um organismo regulador das actividades de todos os membros da plataforma. O Tanzania Bureau of Standard (TBS), como instituição nacional, ajuda a regular a qualidade dos produtos para que estes cumpram as normas do mercado internacional. No ano passado, quando se registou uma baixa produção, para evitar a escassez de alimentos no país, o governo elaborou especificações sobre o volume que deveria ser vendido ao mercado externo. O Comissário afirmou que estão a fazer um bom negócio e que pode afirmar com ousadia que se trata de uma plataforma mutuamente benéfica para todos os membros.

Os dados recolhidos mostram claramente que existe um plano de sustentabilidade no terreno para garantir a continuidade do programa.

4.7 Teste de hipóteses

Hipótese de investigação 1, H_0: Não existe uma diferença significativa no nível de vendas (variação das vendas unitárias) dos agricultores antes e depois do seu envolvimento na plataforma.

Foi efectuado um teste t de amostras emparelhadas para determinar o nível de vendas dos agricultores antes e depois do seu envolvimento na plataforma de consórcios de arroz. Os dados não apresentavam valores anómalos, como se pode verificar pela inspeção de um gráfico de caixa. O nível de vendas dos produtores de arroz registou uma melhoria significativa após a sua participação na plataforma de consórcio. No entanto, para o lucro líquido; t (343) = 62,165,p< 0,0005; para a satisfação do cliente t (343) = 121,211, p< 0,0005; para o rendimento em géneros t (343) = 166,675, p< 0.0005; para a Procura de Mercado t (343) = 171,799, p< 0,0005;

para a Economia de escala t (343) = 242,908,p< 0,0005; e para outros t (343) = 171,979, p< 0,0005. Devido à(s) média(s) destas medidas de venda e rendimento (Tabela) e à direção do(s) seu(s) valor(es) t, rejeitamos H0 e concluímos que houve uma melhoria estatisticamente significativa no nível de vendas e rendimento dos produtores de arroz após o seu envolvimento na plataforma do consórcio, uma vez que todos os seus valores p < 0,0005. A este respeito, o resultado tem um efeito positivo sobre a rentabilidade dos produtores de arroz, tendo sido registados enormes lucros entre os produtores como resultado do seu envolvimento na plataforma de consórcio.

Estatísticas de amostras emparelhadas

Indices	Mean	N	Std. Deviation	Std. Error Mean
Net profit before	1.7006	344	.47545	.02563
Net profit after	3.3256	344	.48343	.02606
Customers satisfaction before	1.5494	344	.52213	.02815
Customers satisfaction after	3.4622	344	.50409	.02718
Income in kind before	1.5407	344	.50644	.02731
Income in kind after	3.4913	344	.50487	.02722
Market demand before	1.5436	344	.50651	.02731
Market demand after	3.4971	344	.49882	.02689
Economic of Scale before	1.5174	344	.50648	.02731
Economic of Scale after	3.4942	344	.51194	.02760
Others before	1.5959	344	.50651	.02731
Others after	3.4971	344	.49143	.02650

Paired Samples Test								
	Paired Differences					t	df	Sig. (2-tailed)
	Mean	Std. Deviation	Std. Error Mean	95% Confidence Interval of the Difference				
				Lower	Upper			
Net profit before - after	-1.62500	.48483	.02614	1.57358	1.67642	62.165	343	.000
Customers satisfaction before - after	-1.91279	.29269	.01578	1.88175	1.94383	121.211	343	.000
Income in kind before - after	-1.95058	.21706	.01170	1.92756	1.97360	166.675	343	.000
Market demand before - after	-1.95349	.21090	.01137	1.93112	1.97585	171.799	343	.000
Economic of Scale before - after	-1.97674	.15093	.00814	1.96074	1.99275	242.908	343	.000
Others before - after	-1.90116	.29888	.01611	1.86947	1.93286	117.979	343	.000

Hipótese de investigação 2, Ho: O agricultor não obtém benefícios/apoio em resultado do seu envolvimento na plataforma.

Foi efectuado outro teste t de amostras emparelhadas para determinar os benefícios obtidos pelos agricultores antes e depois do seu envolvimento na plataforma de consórcios de arroz. Os dados não apresentavam valores aberrantes, como se pode verificar pela inspeção de um gráfico de caixa. Houve muitos benefícios obtidos pelos produtores de arroz após o seu envolvimento na plataforma de consórcios. No entanto, para a assistência financeira, t (343) = 43,226, p< 0,0005; para o fornecimento de factores de produção, t (343) = 94,697, p< 0,0005; para a informação sobre o mercado, t (343) = 181.130, p< 0,0005; para Formação t (343) = 17,652, p< 0,0005; para Serviços de extensão t (343) = 15,435, p< 0,0005; e para Outros t (343) = 88,470, p< 0,0005. Devido à(s) média(s) destas medidas de benefícios derivados e à direção do(s) seu(s) valor(es) t, rejeitamos H0 e concluímos que houve benefícios estatisticamente significativos derivados pelos produtores de arroz após o seu envolvimento na plataforma do consórcio, uma vez que todos os seus valores p < 0,0005. A este respeito, o resultado revelou que o envolvimento dos produtores de arroz na plataforma de consórcios lhes dá acesso ao fornecimento de insumos, informações de mercado, assistência financeira, para citar alguns. O resultado também revelou a eficácia da plataforma em melhorar o acesso dos pequenos agricultores ao mercado.

Estatísticas de amostras emparelhadas

Indices	Mean	N	Std. Deviation	Std. Error Mean
Financial assistance before	2.0116	344	.49356	.02661
Financial assistance after	3.5843	344	.88055	.04748
Input supply before	1.4942	344	.47444	.02558
Input supply after	3.4622	344	.51221	.02762
Market information before	1.5320	344	.49733	.02681
Market information after	3.5581	344	.51691	.02787
Training before	1.4826	344	.80803	.04357
Training after	2.0552	344	.51194	.02760
Extension services before	1.4506	344	.51025	.02751
Extension services after	1.8605	344	.50409	.02718
Others before	1.5843	344	.52871	.02851
Others after	3.4215	344	.52226	.02816

	Paired Differences					t	df	Sig. (2-tailed)
	Mean	Std. Deviation	Std. Error Mean	95% Confidence Interval of the Difference				
				Lower	Upper			
Financial assistance before - after	-1.57267	.67479	.03638	1.50111	1.64424	43.226	343	.000
Input supply before - after	-1.84593	.36154	.01949	1.80759	1.88427	94.697	343	.000
Market information before - after	-2.02616	.20747	.01119	2.00416	2.04817	181.130	343	.000
Training before - after	-0.57267	.60171	.03244	.50886	.63648	17.652	343	.000
Extension services before - after	-0.40988	.49253	.02656	.35765	.46212	15.435	343	.000
Others before - after	-1.83721	.38516	.02077	1.79636	1.87806	88.470	343	.000

Testes de amostras emparelhadas

CAPÍTULO 5

RESUMO, CONCLUSÕES E RECOMENDAÇÕES

5.1 Resumo

A partir do resultado acima, as caraterísticas demográficas dos pequenos agricultores de arroz na plataforma do consórcio de arroz em Sengerema mostram que mais homens estão na agricultura de arroz do que mulheres e menos jovens estão envolvidos na agricultura de arroz. Também é óbvio a partir do resultado que a grande maioria dos agricultores não cultiva mais de 2 acres de terra.

O resultado também indica que o tamanho da família dos agricultores tem algo a ver com o tamanho da terra cultivada pelos agricultores, o nível de educação não tem nada a ver com a produção porque a maioria dos inquiridos não tem mais do que o ensino primário, incluindo aqueles que cultivam mais de 4 acres de terra.

Os dados mostram que a maioria dos agricultores não tem problemas em termos de formação e serviços de extensão, mesmo antes do seu envolvimento na plataforma do consórcio, o que os ajuda a adotar boas práticas agrícolas. No entanto, quase todos os agricultores não têm o apoio necessário que poderia ajudar a sua produtividade, como o acesso a financiamento, fornecimento de insumos, informações de mercado, o que dificulta a produção.

A abordagem do consórcio despertou a consciência dos pequenos agricultores para o facto de a agricultura ser um negócio e não apenas um meio de satisfazer as necessidades alimentares da família, mas isso não significa que muitos deles tenham passado de uma agricultura de subsistência para uma agricultura comercial. O acesso aos factores de produção, possibilitado pela inclusão de fornecedores de factores de produção no consórcio, reforçado pelo crédito para os factores de produção e pelo empréstimo do banco, tem um impacto direto nos resultados da produção. O sistema de comercialização colectiva através do sistema de recibos de armazém também promove o acesso ao mercado e apoia a melhoria dos resultados da produção. A ação colectiva resultante do grupo de agricultores estimula a coordenação e a tomada de decisões conjuntas. A disponibilidade de um mercado assegurado conduz a uma trajetória ascendente da produção e do volume de compra pelo comprador. O nível de aumento da produção e do rendimento registado no consórcio indicou uma forte mudança significativa em relação ao que foi registado antes do consórcio, devido ao aumento das terras cultivadas.

5.2 Conclusão

Em grande medida, a abordagem tem sido eficaz para melhorar o acesso dos pequenos produtores ao mercado, o que está a levar a um aumento do nível de vendas e de rendimento. No entanto, é necessário identificar e integrar na equipa do consórcio outras potenciais partes interessadas. As outras potenciais partes interessadas incluem: AMCOS/Cadeia de Valor, Empresa de Agronegócios, Companhia de Seguros, Centros de Investigação, Parceiro de Desenvolvimento da Cadeia de Valor e Facilitador Neutro.

As lições aprendidas devem ser aplicadas para reforçar e ampliar a abordagem de consórcio para o desenvolvimento da cadeia de valor das PME na Tanzânia, na EAC e em África.

O empenho dos membros e os resultados registados revelam fortes indícios de sustentabilidade, o que seria melhor apreciado muito depois de o parceiro de desenvolvimento sair do programa, devendo ser realizada uma monitorização e uma avaliação posteriores para verificar a sustentabilidade dos impactos posteriores do consórcio. A intervenção do consórcio no domínio da formação, do acesso aos factores de produção, do crédito, do mecanismo de entrega, da modalidade de pagamento e da ligação ao mercado, com base numa cadeia de valor colaborativa que conduz a uma parceria vantajosa para todos, é relevante enquanto abordagem de desenvolvimento do consórcio.

A abordagem de consórcio, uma vez que reúne diferentes representantes de diferentes origens, tenta oferecer conjuntamente uma solução para um problema comum que gera cooperação e espírito de equipa. Os desafios enfrentados pelo consórcio no domínio das instalações de armazenamento deficientes, do atraso na entrega dos factores de produção, do atraso no desembolso do empréstimo, da taxa de juro elevada, dos impostos múltiplos, da questão da confiança, da falta de pessoal de formação e de recursos no terreno, da proibição de exportação, da forma local de secagem do arroz, da falta de tecnologia de poupança de mão de obra favorável ao género e das limitações do capital de exploração são significativos e devem ser analisados. A resolução dos desafios identificados permitiria aumentar o valor acrescentado da abordagem. A abordagem deve ser alargada a outros agricultores, culturas e regiões.

É necessária a devida diligência na seleção de parceiros que sejam não só competentes, mas também empenhados em cumprir o contrato e garantir que a parceria não seja um jogo de soma zero, mas uma relação vantajosa para todos, que assegure a boa integração dos pequenos agricultores. A dependência dos doadores para a continuidade, que exclui os jovens da agroindústria, e a falta de tecnologia de poupança de mão de obra favorável ao género devem ser reconsideradas.

5.3 Recomendações

O relatório recomenda o seguinte;

Agricultores

Foi observado durante o estudo que existem diferenças em termos de rendimento mesmo entre agricultores que cultivam a mesma área de terra, o que pode ser o resultado de diferentes práticas agrícolas, ou alguns começaram a plantar cedo enquanto outros estavam à espera de um fornecimento adequado de chuva. Todos os agricultores devem adotar boas práticas agrícolas, recorrendo à formação e aos serviços de extensão. Os agricultores continuam a necessitar de instrumentos modernos, uma vez que muitos deles ainda utilizam o trabalho manual para o que deveria ser feito com máquinas agrícolas.

Os grupos devem aproveitar o potencial consórcio de arroz para catalisar programas sociais (armazenamento, educação e saúde, etc.) de outras instituições. Melhor programação da gestão da água para reduzir os conflitos daí decorrentes e melhor demarcação das parcelas entre os agricultores para evitar conflitos durante a colheita com ceifeiras combinadas. Promover a cooperação entre os agricultores e os grupos de agricultores. Para melhorar o nível de incumprimento, o agrupamento de agricultores deve encorajar e assegurar que os membros que recebem o empréstimo o reembolsem. Para facilitar o reembolso dos empréstimos, os grupos devem dar garantias sobre a solvabilidade dos membros. Os fornecedores de insumos devem trabalhar com os agricultores para minimizar a contaminação da água com agroquímicos para reduzir os problemas de saúde associados, bem como adaptar melhores formas de fumigar as explorações agrícolas para reduzir as implicações para a saúde dos agricultores. Os agricultores devem ponderar a economia de custos do transporte de insumos, comparando a eficácia de receber a entrega diretamente dos fornecedores de insumos ou de suportar o custo do transporte dos fornecedores de insumos para o grupo de agricultores. A opção de suportar o custo do transporte exigiria que os agricultores comparassem o custo do aluguer de camiões da empresa líder ou de outros transportadores comerciais.

Os grupos de agricultores devem reunir os seus recursos (arroz), expandindo a sua produção para tirar partido do financiamento do sistema de recibos de armazém (WRS).

Entradas Fornecedores

Fornecimento atempado de factores de produção aos agricultores, em conformidade com o calendário agrícola, e entrega atempada aos agrupamentos de agricultores, a fim de evitar os custos associados à entrega intempestiva dos produtos. Os agricultores não devem ser afectados por atrasos no processamento do crédito bancário concedido pelos fornecedores de factores de produção. Para aumentar a entrega atempada de factores de produção, os fornecedores de factores de produção devem conceder créditos aos agricultores e obter o reembolso do banco através do acordo de pagamento existente. Os agricultores devem beneficiar de descontos comerciais para a compra de factores de produção a granel aos fornecedores de factores de produção. Deve ser reforçada a formação e o acompanhamento/acompanhamento dos agricultores para uma melhor utilização e aplicação dos factores de produção. Formação dos agricultores sobre a melhor aplicação dos factores de produção, tal como indicado pelos agricultores e observado no estudo. A formação deve ser oportuna e frequente. Trabalhar com outros actores, incluindo os agricultores, para incorporar variedades de sementes melhoradas tolerantes à seca, de maturação precoce e resistentes às pragas, como medida de atenuação das condições de mudança climática, em conformidade com a agricultura inteligente face ao clima.

Instituições financeiras: Banco

Processamento e pagamento atempado do empréstimo aos agricultores e pagamento do adiantamento do crédito aos fornecedores de factores de produção. Fornecer um pacote especial de bónus aos agricultores para compensar o peso dos juros. Colaborar com o Banco da Tanzânia para oferecer uma taxa de juro de um dígito aos agricultores, em conformidade com os programas de redução da pobreza e de reforço do crescimento das micro, pequenas e médias empresas (MPME). Fornecer facilidades de empréstimo de equipamento aos agricultores para adquirirem tecnologias de poupança de mão de obra favoráveis ao género para mecanizar e reduzir a carga de trabalho dos agricultores, especialmente das mulheres. Os contratos de publicidade promocional devem ser atribuídos aos agricultores com melhor desempenho como embaixadores da marca. As instituições financeiras devem criar um mecanismo de controlo para garantir que o empréstimo obtido pela AMCOSS em nome dos agricultores chega realmente aos agricultores. **Empresa líder**

Expandir a rede de acesso financeiro para atrair mais instituições financeiras (bancos) para serem parceiros no consórcio. Expandir a rede do consórcio para acomodar outros agricultores, regiões e outras culturas, replicando a abordagem. Estabelecer um quadro de monitorização e avaliação integrado com um especialista em género para o consórcio, em conformidade com o plano de sustentabilidade. Instituir um fundo rotativo para satisfazer as necessidades de formação, coordenação e reforço das finanças internas, a fim de satisfazer as necessidades de crédito dos agricultores em termos de factores de produção, de modo a minimizar os atrasos no processamento dos empréstimos por parte do banco. Adaptar mais tecnologia no domínio do equipamento moderno de secagem do arroz em vez de utilizar a forma local de secagem do arroz em lona. Trabalhar com as principais partes interessadas no subsector alimentar do arroz, tirando partido do trabalho em rede para atrair intervenções de programas de desenvolvimento e financiamento para reforçar o negócio e o impacto na redução da pobreza rural e na comercialização dos pequenos agricultores. Reforçar a competitividade da empresa, melhorar a normalização e a promoção dos produtos e assegurar que a negociação dos preços com os agricultores reflicta a realidade do mercado, além de facilitar a melhoria do planeamento conjunto dos parceiros. Saída gradual da MIVARF com programas sequenciais envolvendo a participação plena de outros parceiros

MIVARF

A maioria dos agricultores ainda tem problemas com as instalações de armazenamento, apesar do seu envolvimento na plataforma do consórcio, embora o apoio técnico, os serviços de extensão e a formação não fossem um grande problema para os agricultores antes de aderirem à plataforma. As alas e os grupos de agricultores que são deficientes em termos de instalações de armazenamento devem ser analisados. Parece haver uma maior concentração na comercialização do que na produção, devendo ser mantido um equilíbrio a este respeito. Os agricultores não são capazes de satisfazer a procura do mercado porque a produção depende apenas da precipitação natural, pelo que é necessário um esquema de irrigação. É necessário melhorar a tecnologia para aumentar a produção, a fim de satisfazer a procura do mercado. Existe o problema da seca devido às alterações climáticas e ao ataque de doenças às culturas. Problemas como a falta de estradas de alimentação, infra-estruturas, máquinas de aterramento ainda confrontam os agricultores. O MIVARF precisa de fazer alguma coisa em relação a tudo isto.

Implicações políticas: Criar um ambiente propício

O governo acredita que a zona dos lagos não precisa de mais atenção porque recebe 2 modelos de precipitação num ano, por isso, concentra-se na parte do país que recebe apenas um modelo de precipitação num ano. Deve ser dada atenção adequada a todas as zonas porque cada zona tem a sua singularidade em termos da cultura que cultiva.

Não há muitos jovens envolvidos na agricultura, o que levanta questões sobre o futuro e a sustentabilidade da agricultura na Tanzânia. O Governo e o MIVARF precisam de flexibilizar as suas regras para encorajar uma maior participação dos jovens. Há sempre flutuações em termos de produção anual, dependendo da distribuição da precipitação anual. Por conseguinte, há necessidade de um esquema de irrigação nesta zona para permitir que os agricultores cultivem durante todo o ano sem dependerem apenas da precipitação natural.

Necessidade de desenvolver seguros de colheitas ou de chuva para os pequenos produtores (DRT, 2012) O governo deve avaliar o impacto das políticas nas zonas rurais, especialmente nos pequenos agricultores (conceito de lente rural). Embora a política alimentar continue a existir, o resultado não deve ser em detrimento da comercialização dos pequenos agricultores. Devem ser aumentados os esforços para combater o contrabando de arroz para o país através do reforço institucional e do esclarecimento dos cidadãos. Desenvolver e promover seguros de colheitas e de chuva para os pequenos agricultores, a fim de atenuar o risco do efeito das alterações climáticas (DRT, 2012). O GOT deve elaborar um pacote de seguros para os pequenos agricultores e também desenvolver PPP sobre seguros agrícolas.

O GOT deve trabalhar com os Estados Parceiros da EAC para operacionalizar o Fundo da EAC para as Alterações Climáticas, a fim de tirar partido do Fundo Verde para o Clima e de outros mecanismos de financiamento do clima para atenuar os efeitos das alterações climáticas. Disponibilização de infra-estruturas de previsão meteorológica para divulgar informações através de comunicação bidirecional aos agricultores, a fim de reduzir as perdas associadas às condições das alterações climáticas. As infra-estruturas devem dar prioridade à ligação dos pequenos agricultores ao mercado, a fim de colmatar o fosso entre a baixa produtividade e o rendimento (SID, 2016).

Recomenda-se vivamente que seja disponibilizado mais tempo e recursos para reforçar a relação e os parceiros-chave no consórcio de produtores de arroz em Sengerema, de modo a que o consórcio tenha uma base sólida e que, no processo, se concentre mais nos elementos-chave de sustentabilidade, de modo a que, após esse período, o sistema continue sem o apoio de parceiros externos (prestador de serviços)

O consórcio desenvolvido com o apoio da intervenção do MIVARF continua a depender do apoio financeiro do programa MIVARF a 100%. Uma vez terminado o apoio do MIVARF, as plataformas de inovação iniciadas deixarão de existir, devido ao facto de todas elas carecerem de elementos de sustentabilidade, incluindo institucionais, financeiros, técnicos e, sobretudo, o principal comprador. Ao contrário do caso do Ruanda, em que o comprador é o principal interveniente que aborda os potenciais de produção e crescimento dos sectores a montante e a jusante. As actuais plataformas existentes são geridas como plataformas de partes interessadas, embora também sejam constituídas pelo comprador ou pelos chamados compradores, mas é um facto que não foram adequadamente selecionadas com base numa diligência devida minuciosa apoiada nos méritos do seu investimento no subsector e no plano e potencial de crescimento futuro.

Por conseguinte, é importante que o MIVARF analise a forma como as lições aprendidas podem ser demonstradas pelos delegados que tiveram esta oportunidade como uma forma de expandir as lições para além da zona do lago, desde o arroz até outros sectores.

REFEITAS

Fórum de Actores Não Estatais da Agricultura (2011). Análise orçamental para os fundos ASDP e DADP na Tanzânia.

Andrew W. Shepherd. (1997) "Market Information Services," Theory and Practice, AGS Bulletin No. 125, FAO, Roma, 1997

Andrew W. Shepherd. (2007) "Approaches to linking producers to markets," RIAD Paper 13, FAO, Roma, 2007, A review of experiences to date.

Orçamentos e relatórios de progresso para os respectivos anos para os distritos de Bukombe, Kibondo, Kahama e Lindi

CARD - IFAD (2010): Mapeamento dos Documentos de Estratégia de Redução da Pobreza, Estratégias Sectoriais e Políticas Relacionadas com o Desenvolvimento do Arroz

Relatório do Controlador e Auditor Geral do Conselho, junho de 2010.

CPWF. 2011. Relatório anual do Programa Desafio CGIAR sobre Água e Alimentos Mekong 5.

Damian M. G (2013) Barriers to trade for smallholder farmers in Tanzania, a review and analysis of agricultural related market policies in Tanzania, Sokoine University of Agriculture

DFID. 2003. Tools for development. A handbook for those engaged in development activity.

Conselho Empresarial da África Oriental (EABC) (2005): Um Estudo sobre Barreiras Não-Tarifárias (NTBs) e Desenvolvimento de um Índice de Clima Empresarial na Região da África Oriental. Projeto GTZ de "Apoio a Organizações Empresariais Regionais na África Oriental (SRBO-EA).

ESA-BMO Network (2009).Estratégia de defesa de políticas: Improving SME Market Access through Public and Private Procurement (Melhorar o acesso das PME ao mercado através de contratos públicos e privados).

Eliud Birachi (e.birachi@cgiar.org)

Grupo de Trabalho sobre Segurança Alimentar e Nutricional (FSNWG) (2011). Boletim do Comércio Transfronteiriço da África Oriental: julho-setembro de 2011.

A investigação sobre sistemas agrícolas no século XXI: The new dynamic. Dordrecht: Springer: 457-83.

FAIDA, 2000. Linking Farmers to Markets: Applying the Market Linkage Approach at Farmer, Company and Facilitator Level (em preparação).

Ferris *et al* (2014). Linking Smallholder Farmers to Markets and the Implications for Extension and Advisory Services, MEAS Discussion Paper 4.

Herr, M. L. (2007). An operational guide to Local Value Chain Development Combining Local Economic Development (LED) with Value Chain Development (VCD) to strengthen competitiveness and integration of SMEs into markets. Organização Internacional do Trabalho (OIT) Enterprise for Pro-poor Growth (Enter-Growth), Colombo, Sri Lanka.

Inquéritos aos Orçamentos Familiares 1991/92, 2000/01 e 2007, como citado no National Bureau of Standard, junho 2013, Tanzânia em números 2012, pág. 22

Hubert Some (hsome@snvworld.org)

Klerkx, L., van Mierlo, B. e Leeuwis, C. 2012. Evolução das abordagens sistémicas à inovação agrícola: Conceitos, análises e intervenções. In: Darnhofer, I., Gibbon, D. e Dedieu, B. (eds), Lundy, M.,Gottret, M.V. e R. Best. 2012. *Linking research and development actors through learning alliances in agricultural innovation systems: An investment sourcebook*. Washington, DC: Banco

Mundial. 344-348.

Makini, F.W., Kamau, G.M. , Makelo, M.N. e Mburathi, G.K. 2013. Um guia para a gestão e desenvolvimento de plataformas de inovação. Nairobi, Quénia: Instituto de Investigação Agrícola do Quénia/ACIAR.

Nederlof, S., Wongtschowski, M. e van der Lee, F. 2011. *Putting heads together. A plataforma de inovação agrícola na prática.* Boletim 396. Amesterdão

Nederlof, E.S. e Pyburn, R. 2012. *Um dedo não pode levantar uma pedra: Facilitando plataformas de inovação para desencadear mudanças institucionais na África Ocidental.* Amesterdão: Instituto Real Tropical.

Relatório sobre a visita do consórcio de cereais e leguminosas do programa de apoio do MIVARF no Ruanda (Plataformas Sengerema, Magu, Chato e Msalala) preparado por: James Wembe (SP- Sengerema) & Fredrick Ogenga (SP - Msalala e Chato) agosto de 2017

Relatório Geral do Censo da Tanzânia 2012, pg 173

Conselho dos Cereais da África Oriental (EAGC): Rede Regional de Informação sobre o Comércio Agrícola RATIN; Boletim Alimentar e Comercial da África Oriental, janeiro de 2009 (n.º 51)

Fundação de Investigação Económica e Social (ESRF) (2011). Que benefícios pode a Tanzânia retirar do Acordo do Mercado Comum da África Oriental (EACM)? Rede de Conhecimento da Tanzânia (2011). Série de resumos de políticas TAKNET n.º 17 - 2011

Centro Técnico de Cooperação Agrícola e Rural (CTA) (2002). Estratégias de Marketing para Pequenos Agricultores. Pacote de Recursos da Rádio Rural: Partilhar conhecimentos, melhorar os meios de subsistência rurais.

Thiele, G. et al. 2006. Aprendizagem horizontal: Estimular a aprendizagem social entre pares. Resumo 13 da ILAC. Roma: ILAC.

Tucker, J., Le Borgne, E. e Iotti, M. 2013. Influência da política e da prática através da investigação: Reflexões críticas sobre a abordagem da RiPPLE. In: Calow, R., Ludi, E. e Tucker, J. (eds),

Pali, P. e Swaans, K. 2013. Diretrizes para plataformas de inovação: Facilitação, monitorização e avaliação. Manual ILRI 8. Nairobi, Quénia: ILRI.

Pali, P. e Swaans, K. 2013. *Diretrizes para plataformas de inovação: Facilitação, monitorização e avaliação.* Manual 8 do ILRI. Nairobi: ILRI. http://cgspace.cgiar.org/handle/10568/27871

Oxfam, 1999. Good Practices in Facilitating Linkages Between Farmers and Markets, Relatório de um Workshop realizado em Harare, 25-27 de outubro de 1999.

República Unida da Tanzânia (2012). Recenseamento Nacional por Amostragem da Agricultura 2007/2008: Agricultura de Pequenos Produtores. Volume II: SECTOR DAS CULTURAS - RELATÓRIO NACIONAL.

Apêndices

INSTRUMENTO DE INVESTIGAÇÃO PARA MEDIR A EFICÁCIA DA FORMA DE CONSÓRCIO DE ARROZ PARA MELHORAR O ACESSO DOS PEQUENOS PRODUTORES AO MERCADO NO DISTRITO DE SENGEREMA, MWANZA, TANZÂNIA

Foi selecionado para ser um dos inquiridos e, na qualidade de participante na plataforma de consórcios de arroz no distrito de Sengerama, gostaríamos de lhe fazer algumas perguntas para compreender melhor até que ponto esta plataforma tem sido eficaz para melhorar o seu acesso ao mercado.

A sua participação é totalmente voluntária e todas as informações fornecidas serão mantidas confidenciais e destinam-se estritamente a fins de investigação. Por favor, estude cuidadosamente as questões de investigação e responda em conformidade. O investigador é um estudante licenciado da Universidade de Ibadan, na Nigéria. O estudo é um cumprimento parcial da atribuição do grau de Mestre em Prática de Desenvolvimento do Programa de Prática de Desenvolvimento do Centro de Desenvolvimento Sustentável, Universidade de Ibadan, Nigéria.

Nome do enumerador :...
Data da entrevista :...
Local da entrevista (bairro) : .... Aldeia :...
Contacto do inquirido ....ID do questionário .... :

Está disposto a participar nesta entrevista? Sim :.......................... Não :................
Nome dos inquiridos ....

PARTE A: Informações de base.

Caraterísticas pessoais do inquirido

l. Idade do inquirido (na data do último aniversário, em anos)

1. 18-30 2. 31-40 3. 41-50 4. 51-60 5. Acima de 60

2. Sexo do inquirido 1 Masculino 2. Feminino

3. Estado civil1 . Solteiro2. Em coabitação 3. Casado

4. Separado 5. divorciado 6. viúvo.

4. Nível de escolaridade mais elevado do inquirido

1. Sem educação formal 2. Ensino corânico completo

3. Ensino primário completo 4. Ensino secundário completo

5. Conclusão do ensino secundário 6. Conclusão do ensino superior

Caraterísticas económicas/empresariais dos inquiridos

5. Quantas pessoas vivem no seu agregado familiar?...

(a) Quantos dos(5)acima referidos têm menos de 8 anos? Homens ....Mulheres

(b) Quantos dos (5) acima têm mais de 18 anos? Homens .. Mulheres..........................

6. Qual é o seu rendimento mensal médio .... (em dólares)?

l. Menos de 20 USD 2. 2l-40 USD 3. 4l-60 USD 4. 6l-80 USD

5. 8l-l00USD6.Abovel00USD ----

7. Qual é a dimensão total das suas terras agrícolas (especificar em acres)?

1. menos de l acr. 2. l-2 acr. 3. 2-3 acr. 4. 3-4 acr. 5.4-5 acr.

6. Acima de 5 acr.

8. Qual é a origem do seu trabalho?

l. Membros da família 2. Esforço coletivo

3. Contratado4 Outros (especificar)

9. A origem das suas terras agrícolas pode ser descrita como

l. Próprio 2. Herdado 3. Emprestado

4. Arrendamento 5. Propriedade conjunta

10. Pertence a alguma Associação de Agricultores? l.Sim 2. Não-

Em caso afirmativo, indicar a associação de agricultores ....

11. Tem outra(s) fonte(s) de rendimento para além da cultura do arroz?

l.Sim2.Não --

Se sim, especificar...

. Que outras culturas tem nas suas terras, para além do arroz? (mencionar)

....

12. Há quanto tempo se dedica à cultura do arroz nesta aldeia?

l. l-5anos 2. 6-l0anos 3.1l-l5anos

4. l6-20 5.2l-25 6.26-30anos 7.acima.30anos --------------------

PARTE B: Benefícios/apoio derivados da plataforma de consórcios pelos produtores de arroz

13 Obtém algum benefício/apoio da plataforma? 1. **Sim 2. Não**

Benefícios usufruídos pelos produtores de arroz **antes** e **depois de** aderirem à plataforma de consórcio.

Por favor, indique as suas experiências de acesso aos seguintes serviços de apoio ao sector agrícola antes e depois da sua adesão à plataforma de consórcios, assinalando a opção adequada abaixo.

		Before					**After**			
S/n	Supports/ benefit	Very easy	Easy	Somewhat difficult	No access	S/N	Very easy	Easy	Somewhat difficult	No access
14	Financial assistance					20				
15	Input supply					21				
16	Market Informati on					22				
17	Training					23				
18	Extension services					24				
19	Others					25				

Satisfação com os benefícios/apoio

Por favor, classifique o seu nível de satisfação com os benefícios/apoio do consórcio numa escala de: 1. muito satisfatório 2. satisfatório 3. Razoável 4. Fraco

S/N	Satisfaction level	**Before**	S/N	**After**
26	Timelines		29	
27	Frequency		30	
28	Cost effectiveness		31	

PARTE C: Alteração da produtividade dos produtores de arroz desde a sua participação na plataforma de consórcios.

32. Registou alguma alteração na produtividade desde a sua participação neste consórcio?

Sim 2. Não

Por favor, indique nas colunas abaixo as mudanças que sentiu na produtividade desde a sua participação na plataforma de consórcios.

S/N		Before	S/N	After
33	Size of farm land in acre		40	
34	Yield (how many bags of paddy are harvested from the whole land in (1) above?)		41	
35	Source(s) of labour		42	
36	Average income in a planting season		43	
37	Farm ownership		44	
38	Membership of farmers Ass.		45	
39	Access to market		46	

PARTE D: Melhoria do nível de vendas e de rendimento dos produtores de arroz desde a sua participação na plataforma do consórcio.

47. Diria que a sua cultura de arroz registou alguma forma de melhoria nas vendas e no rendimento desde a sua participação neste consórcio? l.Sim 2. Não

Por favor, utilize o quadro abaixo para classificar o nível de melhoria do rendimento e das vendas que experimentou desde a sua participação neste consórcio

		Before					**After**			
S/N	Level of improvement	Greatly improved	improved	Poorly improved	Not improved	S/N	Greatly improved	improved	poorly improved	Not improved
48	Net profits					54				
49	Customers satisfaction					55				
50	Income in kind					56				
51	Market demand					57				
52	Economic of scale					58				
53	Other					59				

PARTE E : Desafios enfrentados pelos produtores de arroz na sua participação na plataforma de consórcios

60. Considera que enfrenta algum desafio em resultado da sua participação na plataforma de consórcios?

1.Sim 2.Não

Por favor, identifique na lista de desafios abaixo o(s) desafio(s) específico(s) que enfrenta no seu negócio de arroz.

Gravidade do desafio

		Before					After			
S/N	Challenges	Severe	Mild	Not severe	Not a challenge	S/N	Severe	Mild	Not severe	Not challe
61	Finance					67				
62	Access to produce market					68				
63	Access to input market					69				
64	Technical support					70				
65	Storage facility					71				
66	Other					72				

PARTE F

Examinar a forma como os pequenos agricultores percepcionam e se envolvem com outras partes interessadas na plataforma dos consórcios

GUIA DE ENTREVISTA PARA INFORMADORES-CHAVE (KII)/DISCUSSÃO EM GRUPO DE FOCO (FGD):

RESPONDENTES-ALVO: chefes de grupos de pequenos agricultores (presidente e secretário), chefes da Sociedade Cooperativa de Comercialização Agrícola (AMCOS) de cada um dos três departamentos (Comercialização, Insumos, Finanças) que estão envolvidos na Plataforma de Consórcios do Lago/Zona Sul e o chefe do Prestador de Serviços.

Perguntas; Chefe do agrupamento de agricultores

1. Há quanto tempo é que o seu agrupamento de agricultores está envolvido nesta plataforma de consórcios?
2. Como é que se torna membro?
3. As expectativas do seu agrupamento de agricultores estão a ser satisfeitas desde a sua adesão?
4. Em que medida pode dizer que as suas expectativas estão a ser satisfeitas?
5. Gostaria de se ter juntado mais cedo, antes do tempo em que o fez?
6. Introduziu algum outro grupo de agricultores na plataforma desde que se juntou a ela?
7. Quais são as regras de interação com a plataforma?
8. O que é que preferia que tivesse mudado na estrutura ou na forma como a plataforma está a ser operada, investigadores, decisores políticos, ...?
9. Quais são as partes interessadas nesta plataforma que são mais importantes para si (marketing, input, financeiro?)
10. Que outro serviço ou apoio gostaria de ver incluído na oferta da plataforma dos consórcios?
11. Quais são as suas responsabilidades e nível de envolvimento na plataforma?
12. O que pensa do projeto da plataforma de consórcios e qual foi a sua principal atração?
13. Em que medida é que a plataforma aumentou o seu acesso ao crédito?
14. Em que medida é que a plataforma aumentou o seu acesso às sementes?
15. Em que medida é que a plataforma aumentou o seu acesso a fertilizantes?
16. Em que medida é que a plataforma aumentou o seu acesso à tecnologia?
17. Em que medida é que a plataforma aumentou o seu acesso às Boas Práticas Agrícolas (BPA)?
18. Através da plataforma, como melhorou o seu acesso ao mercado?
19. Através da plataforma, como é que o mecanismo de distribuição melhorou o seu rendimento?
20. Através da plataforma, como é que as modalidades de pagamento melhoraram o seu rendimento?
21. Através da plataforma, como é que o acesso aos factores de produção melhorou o seu rendimento?
22. Considera que a plataforma o ajudou a identificar mercados locais e internacionais rentáveis e

importantes?

23. Considera que o projeto o ajudou a satisfazer as exigências do mercado (local e internacional)?

24. Quais são os canais de mercado mais comuns que os compradores utilizam antes e depois de aderirem à plataforma?

25. A procura do mercado ultrapassa a atual capacidade de produção? Que medidas estão a ser tomadas para satisfazer essa capacidade?

26. Quais são os principais desafios enfrentados durante a produção do seu produto?

27. Quais são os principais desafios enfrentados durante a comercialização do seu produto?

Perguntas; Diretores das sociedades cooperativas de comercialização agrícola (AMCOS)

1. Têm capacidade para satisfazer a procura dos compradores/empresas principais?
2. Qual é a oferta média anual do produto agrícola ou do produto de base (quantidade em toneladas)?
3. Quais são as outras fontes potenciais de mercado/procura?
4. Quais são os meios de armazenagem de que dispõe para armazenar mercadorias?
5. Houve aumento, diminuição ou não houve alteração da capacidade de abastecimento durante o projeto?
6. Quantos agricultores foram contactados através de grupos de produtores agrícolas?
7. Quais foram os benefícios da abordagem em comparação com outras abordagens convencionais da cadeia de valor?
8. Como é que criou ou apoiou microempresas?
9. Como pode melhorar a participação dos jovens e das mulheres no agronegócio?
10. Está a beneficiar do apoio do governo em termos de políticas e regulamentos?

Perguntas; Prestadores de serviços

1. O que é que o levou a decidir organizar os agricultores em grupos?

2. Quais são os desafios que enfrenta enquanto organismo de coordenação na organização dos agricultores para atingir os seus objectivos?

3. Quais são os Pontos Fortes, Pontos Fracos, Oportunidades e Ameaças desta plataforma?
4. Houve alguma razão para desvincular algum agricultor ou grupo de agricultores desta plataforma?
5. Quais são os seus factores de sucesso?

PARTE G:

Análise dos factores críticos para a sustentabilidade do modelo de estrutura/parceria da plataforma de consórcios de arroz em Sengerema, Região de Mwanza da Zona dos Lagos.

INFORMADOR-CHAVE (KII)/ENTREVISTA DE DISCUSSÃO DE GRUPO DE FOCO (FGD) GUIA:

RESPONDENTES-ALVO: responsável pelo funcionamento da plataforma do consórcio.

Perguntas;

1. Quais são as regras de participação da plataforma de consórcios?
2. É celebrado algum acordo formal com os participantes?
3. Quais são os mecanismos criados para evitar o incumprimento por parte dos membros?
4. Em caso de incumprimento de uma das partes, quais são as medidas de recuperação?
5. Quem são as partes interessadas mais importantes neste acordo?
6. Considera que a forma como a plataforma dos consórcios está estruturada coloca alguns actores numa posição de desvantagem? Como?
7. Conseguem satisfazer a procura de factores de produção por parte dos agricultores?
8. Existem acordos contratuais formais entre os agricultores e os compradores?
9. Como é estruturado o mecanismo de fornecimento aos agricultores? E quais são os factores que influenciam o modo de entrega?
10. Qual é a capacidade de resposta e a pontualidade da entrega dos fornecimentos aos agricultores?
11. Os agricultores são capazes de satisfazer a vossa procura de produtos?

MIX
Papier aus verantwortungsvollen Quellen
Paper from responsible sources
FSC® C105338

Printed by Books on Demand GmbH, Norderstedt / Germany